# 女孩的第一本修养智慧书

郑乐平 ◎编著

中国纺织出版社有限公司

# 内 容 提 要

每个女孩都有自己的梦想，都想成为优雅可人、出类拔萃，有修养、有气质、有智慧、有能力的魅力女孩。那么，怎样才能让自己更有修养，更有自信、有阳光的性格和心态呢？

本书从个人素质、良好习惯、性格心态等多重角度出发，帮助女孩们提高和完善自己，从而使自己变得更淑女，更智慧，成为既能下得厨房，又能出得厅堂的人见人爱的完美女孩！

## 图书在版编目（CIP）数据

女孩的第一本修养智慧书／郑乐平编著. ‒‒北京：
中国纺织出版社有限公司，2020. 9
ISBN 978‒7‒5180‒7575‒1

Ⅰ.①女…　Ⅱ.①郑…　Ⅲ.①女性—修养—青少年读物　Ⅳ.①B825.4‒49

中国版本图书馆CIP数据核字（2020）第118181号

策划编辑：闫　星　　责任印制：储志伟

中国纺织出版社有限公司出版发行
地址：北京市朝阳区百子湾东里A407号楼　邮政编码：100124
销售电话：010‒67004422　传真：010‒87155801
http：//www.c‒textilep.com
中国纺织出版社天猫旗舰店
官方微博http://weibo.com/2119887771
三河市延风印装有限公司印刷　各地新华书店经销
2020年9月第1版第1次印刷
开本：880×1230　1/32　印张：6
字数：141千字　定价：25.00元

凡购本书，如有缺页、倒页、脱页，由本社图书营销中心调换

# 前言

　　每一个女孩都是天使，来到人世间只为了能够展现自己的美丽、纯洁、善良和友好。随着时间的流逝，女孩青春的容颜会渐渐老去，但是她们在岁月的沉淀中会通过自身努力，由内而外照样会散发出优雅和美丽。

　　对于每一个人而言，内涵是至关重要的。如果说时间会使人容颜老去，美丽不再，那么内涵则会在岁月的沉淀中历久弥新，更加纯粹浓郁。每一个女孩都应该秀外慧中，不但有美丽漂亮的外表，还要有坚强壮大的内心。需要注意的是，这与女孩是否天生丽质、浓妆淡抹并没有必然的联系，一个有修养的女孩，一定是具有极高的素质和涵养的。从这个意义上来说，爱读书的女孩似乎占尽优势，因为她们浸润着书香，会给人带来无数美好的想象。由此可见，唯有由内而外散发出的独特气质和文化涵养，才是女孩最美丽明艳的妆容，也才能带给女孩最值得骄傲的资本。

　　修养并非与生俱来，靠的是在人生的漫漫长路上，不断提升自我的品质和素质，并不断自我反省和感悟，从而提升自我，完善自我。有修养的女孩往往心思简单，心灵纯粹，她们不会被物质的欲望所驱使，更不会成为金钱的奴隶。她们很清楚自己需要什么，也深知自己想要怎样的生活，因而她们平静淡然而又坚定不移地面对生活，从而使自己更加友善，让自己的人生阳光明媚。

对于修养而言，智慧就像是不可或缺的养分，给女孩的生命带来勃勃生机。智慧的女孩更懂得提升自己的内心，也深知一时的得失并不能决定什么。因而她们能够坦然面对人生，也深知生存的智慧。

在本书中，笔者从各个方面帮助女孩提升自我，完善自我，是女孩一生之中当之无愧的第一本修养智慧书。也许修炼的道路还很长，但是聪慧的女孩总是会从第一步开始，一步一步脚踏实地地完善自己的人生。假如你想成为一个有修养、有智慧，也有梦想、有追求的女孩，就从用心阅读这本书开始吧！任何时候，只要切实展开行动，你的人生就会变得与众不同。

编著者

2020年1月

# 目 录

# 第01章

## 女孩优雅清新，从练就好气质开始

每个女孩都该是童话世界里的公主，带着娇嫩柔弱的美好，来到这个世界上接受无限的爱。每个拥有小公主的父母，也都愿意自己的小公主长大之后能够征服整个世界。不是曾经有人说过嘛，男人靠拳头征服世界，女人则靠征服男人来征服世界。女孩千万不要误解，对于女孩来说，并非越彪悍越有实力，大多数情况下，女孩的力量是靠气质体现的。一个有气质的女孩，才能拥有完美的人生。

# 充满梦幻色彩的粉红女孩世界

对于一个少女而言，能够一直保持着纯真美好的少女之心，才是人生中最大的幸运。因此，无数拥有女儿的父母们，总是希望竭尽所能地给女儿展现出最美好的世界，不愿意伤害女儿的少女心。那么，少女心到底拥有怎样的特质呢？对于少女来说，她们永远不会怀着复杂的心情看待这个世界，因为她们的眼睛清澈明净，所以，她们看到的世界也干净明媚。即便受到外界的伤害，她们也不会感到沧桑。她们喜欢一切真善美的人和事物，也对世界充满了宽容和希望。不管年纪多大，她们始终爱自己，爱世界，也爱身边的人和事物。她们对待生活的积极和热情，不会因为时间年轮的转动而改变，更不会悄然消散。由于这份发自内心的赤诚和纯真，所以她们能得到命运的善待，容颜上也保持着青春的明媚。需要注意的是，任何年龄段的女性朋友都可以拥有一颗少女心。对于女孩而言，最美好的事情就是从小就拥有少女心，长大了也依然能够保持少女心，不会因为生活的磨难而变得满目沧桑。

如果问：少女最喜欢的是什么？答案当然毋庸置疑，几乎所有的女孩都喜欢嫩嫩的粉红色，它不像红色那么热情和灼烈，也不像桃红那般妖艳，而是带着一种平静和安然的姿态，静静地绽放。一个满是粉红色的女孩世界，粉红色的窗幔和床品，粉红色的墙面和衣柜，甚至连写字台也都是淡淡的粉红，这无疑是一个梦幻的世界。在这个世界里，女孩就像一个真正的小公主，做着虚无缥缈的梦，任由思绪纷飞，也任由美好在心中不断地膨胀。

每一个幸福的女孩都有一个粉红色的梦幻世界，这个世界是父母给予她们的梦中城堡，也是命运偏爱她们的馈赠。假如没有这个世界，则一切都会显得过于真实，这对于少女的心而言，就像是直面了残忍的现实。因此，女孩在小的时候就应该养成粉红的气质，让自己的人生一直如此甜美、唯美。

现实生活中，也许经常会有父母觉得女儿长不大，每当女儿说起那些对于生活不切实际的渴望，曾经全心全意呵护女儿粉红梦的父母们，如今却为了让女儿能更好地在现实社会中求得生存，开始不断地激励和鞭策女孩一改往日的娇羞和柔弱，变得越发强悍。难道每个女孩都要像女汉子那样度过一生吗？不得不说，这是女孩的悲哀，也是父母无可奈何的选择。

爸爸妈妈们，给女孩一个粉粉的世界吧。让她更多地流连于其间，让她更加深刻地感受自己的少女之心，也让她牢记人生中的粉红梦想。唯有如此，在漫长的人生道路上，她才能始终保持温柔甜美，也会对生活充满纯真的幻想和无限的憧憬。粉红的世界就像是少女心中的梦一样，指引着少女在漫长的人生道路上坚定不移地带着赤子之心朝前走去，永远不会停下辛苦的脚步。

即便世界并不会一直泛着粉红色，一颗少女心也足以让女孩怀着小小的纯真，成为明媚柔和的小太阳，始终纤细敏感，温柔美好。这颗心让少女怀着足够的勇气在人生路上披荆斩棘，即便历经辛苦，也不改初心，最终变成一颗透明的水晶糖，通体晶莹，散发出甜美的味道。

女孩的世界永远都是粉红色的，粉红色的梦想，粉红色的人生，粉红色的希望和憧憬，粉红色完美无瑕的人生带给女孩无限的渴望！

## 女孩要富养，但是不要娇生惯养

人们常说，男孩要穷养，女孩要富养。意思是说，男孩应该在生活中多吃一些苦头，这样才能从小培养起吃苦耐劳、奋力拼搏的精神。相比之下，女孩则应该富养，父母要给予女孩更加丰厚的物质条件，绝不要让她缺衣少食，这样她才能循着轻松惬意的人生轨迹继续朝前走去，最终让自己拥有富裕丰足的人生。也有人说，只有这样的女孩在长大成人之后，才不会因为一顿美食或者几件漂亮的衣服，就上了别有用心的男人的当，导致付出一生作为惨重的代价。毋庸置疑，富养的女孩的确能够在宽裕的生活中更多地关注和提升自己的心灵，日后也不至于因为客观物质上的考虑，随随便便地放弃精神上的追求。然而需要注意的是，富养与娇生惯养是有区别的。富养指的是让女孩在物质上富足，不必为了生活的艰辛四处奔波劳累，但是该锻炼女孩的地方还是应该努力锻炼，毕竟即便是富养，也不能教养出一个什么都不会的娇娇女。有的父母曲解了富养的意思，对于女孩总是娇生惯养。诸如舍不得让女孩吃一点点苦，也不愿意给予女孩锻炼自身能力的机会，更不注重培养女孩的精神和意志，最终导致女孩成为了娇生惯养的娇娇女，什么事情都不会做，一点点苦都吃不得，又因为缺乏锻炼，能力上也是一片空白。这样的女孩，如何面对未来的生活呢？

女孩要富养，但是绝不要娇生惯养。真正负责任的父母，即便再疼爱女儿，也不会处处代劳，更不会把女儿娇宠得无法无天，使其最终成为与他人格格不入，而且毫无能力的人。归根结底，父母能力再强，也终有老去的那一天，不可能陪伴在女儿身边一辈子。而且等到女儿长大成人之后，也必然要拥有属于自己的生活，独自面对生活的艰辛坎坷，组建自己的家庭，成为给自己的孩子遮风挡雨的人。那些娇生惯养的女孩，如何能够做到这一点呢？每个人都有自己的人生，即便是父母和子女之间，也绝不可能实现完全地替代。想清楚这一点，爱女心切的父母们一定要学会早早放手，趁着自己还有能力为女儿分忧解愁，让女儿渐渐学会对自己的人生负责，为自己的人生买单，这才是明智之举。

亚楠是家里的独生女，从小娇生惯养，十指不沾阳春水，甚至连洗脸都是妈妈拧好温热的毛巾递给她，不管是吃饭还是吃水果，都是妈妈一切准备妥当摆放在桌子上她才吃。当然，有的时候亚楠也会因为好奇想要亲手做一些事情，但是这些都被妈妈及时制止了。总而言之，除了学习方面的事妈妈不能代劳之外，亚楠的所有衣食住行都在妈妈的安排下秩序井然，条理清晰，按部就班。

转眼之间，亚楠参加完高考，也接到了北京某所大学的录取通知书。意识到女儿真的要离开自己的身边，去遥远的外地打拼了，妈妈这才感到惶恐：亚楠什么都不会做，大学生活如何独立应对呢？果不其然，在爸爸妈妈一起把亚楠送到学校报到之后，亚楠面对第一天的大学生活就犯了愁。早饭，她买了一个鸡蛋一碗粥，但是看着这"奇奇怪怪"的鸡蛋，她无论如何也下不去手。原来，这个鸡蛋是带壳的，亚楠从小到大只见过妈妈剥好皮的鸡蛋。为此，她不得不打电话向千里之外的妈妈求救，妈妈可真是一通着急，又担心女儿饿肚子，火急火燎地说了半天，亚楠才把一个鸡蛋剥得像是狗啃的一样。

对于这样的女儿，妈妈在心急之余，更应该做的是反思自身。通常情况下，相较于男孩，往往是女孩的生活自理能力更强。然而，妈妈的全盘代劳，最终把亚楠变成了一个只知道学习的书呆子，甚至连给鸡蛋剥皮都不会，说出去简直贻笑大方。这样的孩子，哪怕学习成绩再好，只怕生活能力也是零。

不管父母多么疼爱女儿，也不管作为女儿的女孩们得到了多少宠爱，都应该意识到一点：女孩应该富养，但是绝不要娇生惯养，更不要养成一无所用的废物。

## 独立的女孩更能独当一面

从呱呱坠地开始，女孩就成为了父母含在嘴里怕化了、捧在手里怕摔了的小公主，同时还拥有爷爷奶奶、姥姥姥爷的爱，真正地集万千宠爱于一身。尤其是现在很多家庭都主张只生一个好，这也使女孩们得到了父母更加全心全意、毫无保留的爱。在这种情况下，很多女孩从小就习惯了接受父母和长辈的照顾，根本意识不到自己终有一天会长大，也要独立面对人生的风风雨雨，更要接受人生的很多挑战。当父母老了，她们不能继续小鸟依人，接受父母的无私照顾，而是要能够为父母撑起一片天空。

尽管唱着"不想长大"的歌儿，每个女孩依然在无法抗拒地长大。她们从小婴儿长成可爱的小姑娘，再到羞涩的大姑娘，直到成为真正成长和成熟起来的女人，在人生的一步一个脚印中，变成了顶天立地的人。既然人生的历程谁也不能改变，那么父母首先要做的就是培养女孩独立自主的能力。作为女孩，一旦自我意识觉醒，意识到未来的生活需要自己独当一面，即便父母依然愿意给予我们无微不至的照顾，我们也应该努力抓住各种机会提升和完善自己，从而帮助自己迅速成长和成熟起来。

对于任何人而言，独立都是面对人生的必备素质。在父母年轻时，也许他们还可以为我们撑起一片晴空，但是当时间流逝，父母渐渐老去，已经驼背弯腰的他们再也抱不动我们，背不动我们，甚至不再拥有敏捷的思维，女孩又该靠谁呢？只有靠自己。女孩越早具备独立的能力，也就意味着她越早地掌握了驾驭人生和命运的能力，也必然能够更好地在生活中独当一面，同时成为父母的依靠。人生就是如此神奇，孩子和父母之间的前三十年和后三十年的相处，总是表现出截然相反的关系。

小敏很小的时候就失去了妈妈，和爸爸相依为命。也许是因为没妈的孩子早当家吧，小敏从六岁开始就帮爸爸做饭，等着爸爸下班回家来吃。随着年龄渐渐增长，她几乎成为这个家真正的女主人，每天洗衣做饭，还给爸爸按照季节添置衣服。每当邻居们看到小敏像个小大人一样操持家务，总是对她的爸爸羡慕不已，说他拥有一个省心懂事的好女儿。

在小敏十六岁那年，爸爸因为在工地上发生意外，从高高的脚手架上摔下来，陷入了昏迷。这对于这个原本就处境艰难的家而言，更是雪上加霜。很多人都以为小敏很难应对这样的情况，不想小敏哭过之后马上就擦干了眼泪，开始一趟接一趟地去给爸爸报销医药费，还每天都坚持给昏迷中的爸爸按摩，和他说话，唤醒他沉睡的意识。如此过去了三个月，小敏每天都拿着课本坐在爸爸床边学习，时不时地和爸爸说话，爸爸居然醒了过来。大家都说，是小敏以坚强的毅力和顽强的意志，把爸爸从鬼门关抢了回来。

假如不是小敏从小就很懂事，独立能力也很强，作为柔弱的女孩，在大难来临的时候，她也许很难熬过这无比艰难的三个月。幸运的是，小敏得到了命运的偏爱，她的爸爸在她的不离不弃之下回来了。也许从此之后，她就是爸爸的依靠和寄托。

对于任何人而言，能够在生活中独当一面，凡事不需要依靠和依赖他人，都是一件值得骄傲和自豪的事情。尤其是女孩，尽管有人觉得女孩就应该娇滴滴地依靠他人，但是无数事实证明，独立自主的女孩更能够把握自身的命运，从而拥有成功的人生。

# 从小吃苦，是孩子一生的福气

现代社会中，有很多孩子早已不知道吃苦为何物，更不知道吃苦的滋味。也因为缺乏了苦涩的衬托，他们身在福中不知福，根本不知道珍惜如今幸福美好的生活。甚至有些孩子问贫困山区那些食不果腹、衣不蔽体的孩子们："没有馒头，你们为什么不吃面包啊？""没有衣服穿，你们为什么不穿羽绒服呢？"这样的问题让人听起来感到啼笑皆非，却真实地反映了现代社会中孩子们普遍不知生活艰辛的现状。

所谓吃得苦中苦，方为人上人，其实对于孩子而言，小的时候吃一些苦，也许对于他们的一生都有莫大的好处。他们不但能够得知幸福生活的来之不易，也会更加怀着感恩的心对待命运的一切馈赠，即使稍微有些不如意的地方，也不会怨声载道，而是会主动依靠自身的力量解决问题。相反，那些从未吃过苦的孩子，根本不知道苦为何物，也就不知道珍惜此时此刻的幸福。很多孩子，哪怕父母付出再多，为他们创造再良好的生活条件，他们依然毫不知足，丝毫不去体谅父母的辛苦，更不会拥有感恩父母的心。

此外，从未吃过苦的孩子，因为从小衣食无忧，总是能够心想事成，因而也很少为了某些事情付出努力，难以坚持不懈地争取。如此一来，他们理所当然地认为一切都应该水到渠成。不曾遭遇过挫折的生活使他们没有任何承受压力和战胜挫折的能力，因而他们的人生很有可能是先甜后苦，即小时候饱尝生活的幸福和甜蜜，等到长大之后，又因为小时候过于顺遂，导致人生之中有任何小小的风吹草动就承受不起，心理异常脆弱。所以我们才说，从小吃苦，是孩子一生的福气。

当然，吃苦未必都是被动的，对于很多想让自己变得更坚强更有毅力也更懂得感恩的女孩而言，或许因为家境富裕，且因为父母的宠爱，很少有吃苦的机会。在这种情况下，不妨主动去吃一些苦吧，这样也能让自己动心忍性，成为能够担当大任的勇敢女孩。诸如，给自己一些挑战，让自己参加夏令营，或者主动为父母准备一餐饭，还可以陪伴父亲或者母亲去工作一整天，这些都能锻炼自己的意志力和韧性，也能帮助自己更加深入地体谅父母的付出和辛劳，从而让自己有所感悟，有所顿悟，对于人生也有完全不同的深刻体验。

马芳从小就是个孤儿，所以她很清楚一切只能靠自己。高中毕业后，她告别年迈的爷爷奶奶，独自来到大城市读大学。为了养活自己，她从大一刚开学就坚持做兼职，挣的钱不但能够负担自己的生活费，有的时候有些富裕，还会寄给爷爷奶奶贴补生活。因为知道自己的一切都来之不易，她更是从不浪费。有些女生总是扔掉不喜欢吃的饭菜，马芳却年年都是学校里的节约标兵。她从不嫌弃饭菜，每次都把最便宜的饭菜吃得干干净净，也很少添置衣服，反倒经常把钱用来给爷爷奶奶买药。就这样，马芳以优异的成绩大学毕业，开始工作后也很珍惜来之不易的机会，始终对工作怀着感恩的心态，也从不吝啬自己的力气努力工作。

大学毕业三年后，当其他同学还是公司基层人员时，马芳已经成为了公司里的中层管理者，带领着一个团队努力拼搏。

正是因为从小是个孤儿，所以马芳饱尝生活的艰辛。也因为除了年迈的爷爷奶奶之外无依无靠，所以马芳从未想过要依靠别人，更是对于人生中的一切都心怀感恩。如此的心态给予了马芳巨大的动力，让她以优异的成绩大学毕业，工作后更是拼搏努力，得到了公司的赏识和提拔，由此也让自己的人生豁然开朗。

在生命中，每个人都会遇到各种各样的坎坷和挫折。小时候吃过苦的女孩们，往往更懂得珍惜和感恩，也很少抱怨命运。她们默默无闻，始终在努力付出着，希望通过自己的拼搏改变命运，最终她们做到了。

## 志向远大，人生才能扬帆起航

一艘船在大海中航行，如果没有目标，也就无所谓航向，最终会成为一艘漫无目的在海面上漂浮的船只，随波逐流，或者触礁，或者搁浅，或者被某一个不知名的小岛牵绊住，最终不知所踪。人生也是如此，假如没有目标和方向，就会失去航向，始终无法抵达目的地。有人说人生是很短暂的，如同白驹过隙，眨眼之间就只能看得到远去的影子，也有人说人生是很漫长的，长得看不到头，必须确定好目标，并且始终保持正确的航向，才能最终抵达目的地，实现我们人生的理想。从这个意义上来说，志向就是我们人生航程中的目标，唯有在远大志向的指引下，我们的人生才能更加充实地不断进取，也才能避免迷失方向，偏离航向。

在人生真正扬帆起航之前，我们必须确定远大的志向，才能始终坚定不移地朝着志向不断奋斗进取，也才能实现人生伟大的目标。也许有人会说，女孩子不必那么认真，只要上个差不多的学校，长大后找个好婆家，就能幸福地度过一生，其实不然。现代社会男女平等暂且不说，正因为女孩从生理的角度来看处于弱势，才更应该努力奋斗，拥有成功的人生。女孩绝不能自我放弃，更不能让自己的人生随波逐流。

南宋时期的民族英雄文天祥，从小就有远大的志向。早在七八岁时，文天祥去庙里参观游玩，看到庙里供奉着很多名人，而且他们的谥号都带"忠"字，因此他也立志要成为一代忠臣，并且说："要想不虚度一生，死了之后就必须也以'忠'字谥号，受人供奉。"从此之后，他更加发奋努力读书，二十岁时就考中进士，参加了皇帝亲自主持的殿试。

在殿试上，文天祥洋洋洒洒地写了一篇文章，针砭时弊，提出了自己的犀利见解，因而被皇帝钦点为状元。当时担任主考官的是王应麟，他也对文天祥刮目相看，并且极力赞赏文天祥。自从受命于朝廷，文天祥就对朝廷忠心耿耿。在面对实力强大的元军时，他作为统帅，更是抱着以身殉国的决心，要与元军决一死战。遗憾的是，文天祥最终寡不敌众，被元军打败。后来，他寻找机会逃脱元军的控制，继续战斗，直到再次战败。被俘后，他宁死不屈，留下了千古流芳的《正气歌》之后，他慷慨就义，这才停止了战斗不止的人生。至此，他也实现了自己从小立下的伟大志向，成为了大名鼎鼎的忠臣义士。

文天祥从小就立下志向，长大之后更是以生命为代价，谱写了"人生自古谁无死，留取丹心照汗青"的绝世诗句，由此也表明了他在漫长的人生路上始终向着目标前进，从未有过任何懈怠，更不曾忘记自己的初心。

纵观古今中外，无数伟大的人之所以能够名留青史，就是因为他们拥有远大的志向，并且为了实现自己的志向始终坚持不懈地努力。女孩们，人们常说巾帼不让须眉，虽然我们是柔弱的女生，但是我们并不怯懦，更不胆怯。作为女孩，我们更应该树立远大的理想和志向，这样才能在人生路上不忘初心，始终坚持奋进，把勇往直前的精神发扬光大，也向世人宣告，女孩同样可以成就远大的志向，实现辉煌的人生！

## 给孩子的未来无限的可能性

现代社会，生活压力越来越大，工作节奏越来越快，这使无数的成年人饱尝生活的艰辛和职场上的苦头，因而在为人父母之后，他们全都变得非常紧张，恨不得从孩子在娘胎里的时候就让孩子赢在起跑线上。由此，也导致无数奇怪的现象层出不穷。例如，孩子还在娘胎里就开始联系幼儿园，孩子还没开始读小学就开始琢磨初中的择校问题，孩子刚刚两三岁就不停地在各种各样的补习班、兴趣班和特长班中奔波，几乎没有一分钟闲着的时候。只有这样父母们才感到心安，似乎孩子的前途已经无须担忧，但是他们不知道，这恰恰是把人生的压力转移给了孩子，也使得孩子们小小年纪就不堪重负。

尤其是对于女孩子，父母似乎有更多的担心和忧虑。众所周知，女孩子体力较弱，不像男孩子那么有力气；也因为生理上的局限，导致女孩子在选择很多工作时都面临着局限性。这种情况下，父母自然想把女孩子培养得更出色，似乎唯有如此，女孩将来才能衣食无忧，顺利地度过一生。那些望女成凤的父母，根本不在乎孩子心里真正喜欢的是什么，也不管孩子的理想和志向，只是一味地安排孩子的生活，根本不给孩子任何选择的空间和余地。在父母们的安排下，孩子们看似多才多艺，各个领域都有所涉猎，实际上她们恰恰失去了人生无限的可能性，也使她们的未来变得单调乏味。

经常有人说，我的人生我做主。那么孩子的人生谁做主？父母自以为了解孩子，也自觉能够帮助孩子作出一切决定，殊不知孩子并不是父母的附属品，他们也有自己的思想和意识，因而他们完全有权利决定自己的人生。可惜，他们的人生已经提前被父母规划好了，由此也引发了很多孩子和父母之间的强烈冲突。

真正明智的父母，不会强制孩子听从自己的安排，更不会在没有征求孩子意见的情况下就安排和决定孩子的人生。我的人生我做主，这是每个人对于生命最基本的权利，也是人生对于每个人而言最吸引人、最神奇的地方。虽然孩子小，但是这并不意味着他们没有自己的思想和主见，因而父母必须尊重孩子，给予孩子足够的成长空间，也给予他们的未来无限的可能性。

高考的时候，她的第一志愿报考的是一所烹饪学校。她特别喜欢做糕点，尤其沉迷于那些精美的西式糕点。在她眼中，这些糕点绝不仅是为了满足口腹之欲，每一件都像是精巧的艺术品，让她沉迷其中无法自拔。然而，最终她并没有收到烹饪学校的录取通知书，而是如爸爸所愿，接到了金融学校的录取通知。因此，她顺从了爸爸的意思，去了金融学校，学习金融和管理。原来，她的爸爸拥有自己的家族企业，而且始终都希望她能够继承家族企业，成为一个有真才实学的掌门人。

四年大学毕业之后，她在爸爸的安排下从基层干起，的确有着非常出色的表现。她完全凭着自己的实力，在五年的时间里从一个普通的小职员做到了总经理的位置。这时，爸爸才宣布她的真实身份，并且把公司全权交给她打理。她的公司发展得一帆风顺，从不冒进，万无一失地进行各种决策。随着公司的规模越来越大，爸爸却发现她的脸上再也没有了笑容。直到有一次，爸爸生病了，她专门抽出一天时间在家里陪伴爸爸，并且为爸爸亲手烹饪了一些西式糕点。当她满脸笑容地端着西点从厨房里走出来时，爸爸怦然心动：她真的很爱西式糕点的烹饪啊，这么多年，是自己和公司剥夺了她的快乐。

病愈之后，爸爸宣布重新担任公司的负责人，又把那个已经尘封已久的烹饪学校的录取通知书拿出来，对她说："去做你自己喜欢的事情吧，爸爸支持你！"她去了烹饪学校进行学习，很快就开了一家属于自己的甜品屋。等到爸爸老了，她依然接手了公司，只不过她一有时间就回甜品屋当一名真正的甜品师。

谁说当一名甜品师就一定是没出息的，只有当家族企业的继承人才是正道呢？对她而言，只有全心全意地制作糕点的那一刻，才能完全沉浸在幸福的滋味中。幸好，爸爸最终决定把选择的权利还给她，因此她才能如愿以偿做回自己喜欢的事情。

每个人对于人生都有自己的规划，为人父母者，一定不要强制孩子必须按照父母的想法去生活，否则对于孩子而言，这就是虚度人生，也必然觉得亏欠人生。真正的幸福，只有从自己真心喜欢做的事情中才能得到。父母只有尊重孩子的选择，才能看到孩子发自内心绽放出来的如花笑颜。其实，孩子的人生充满了无限的可能性，很多父母在代替孩子作决定并且自以为是地安排孩子的人生时，他们并非真的是在帮助孩子，而只是在限制孩子的可能性。既然天高地阔，何不任由孩子自由翱翔呢！

## 把孩子的特长发展成兴趣，而不是负担

每个人都有自己的兴趣和爱好，正是这些兴趣爱好，在漫长的人生道路上，渐渐发展成为我们每个人的精神寄托，让我们在繁忙紧张的工作之余，拥有一些能够抚慰心灵的东西。然而，在现代社会，由于整个社会都面临着越来越大的竞争压力，也导致很多父母望子成龙，望女成凤，最终把孩子的特长和兴趣，都变成了一种负担。例如，有的父母发现孩子很喜欢画画，就逼着孩子坚持练习画画，即便孩子感到疲劳，也必须继续画下去。由此一来，画画不再是孩子的兴趣爱好，而渐渐

成为孩子的负担，也伤害了孩子对于画画的积极性。其实，这么做完全是得不偿失的。

对于孩子的特长，父母应该用心去发现，并且坚持做好保护工作。毕竟人生很漫长，有特长不但对于人生之路有一定的助力作用，也能令孩子们有精神上的寄托，从而让孩子们的人生更加富于激情和动力。优秀的父母会用心观察孩子们的特长所在，然后将其培养成孩子的兴趣，从而帮助孩子们兴致盎然地发展特长，而绝不会以此为苦。试问，积极主动充满快乐地学习和被动地学习，哪个更好呢？答案当然是前者。任何时候，任何形式的学习都应该以趣味为出发点，而不是给孩子稚嫩的心灵加重负担。

尤其是对于女孩而言，生理上的差异直接决定了女孩和男孩存在不同，也因为生理上处于弱势，所以很多时候女孩都不如男孩子表现得强大。在这种情况下，爱女心切的父母一定要培养和发展女孩的特长，使其成为女孩愿意主动坚持下去的兴趣所在，这样才能扬长避短，让女孩拥有人生的乐趣，或许这种兴趣还会成为女孩的核心竞争力！

小小特别喜欢画画，从幼儿园到小学，她始终坚持画画，经常在白纸上、家里的涂鸦墙上涂鸦。然而，上了幼儿园之后，小小就不太喜欢画画了。原来，妈妈给她报名参加了绘画班，每周要上三次课，这让小小的自由活动时间大为缩水，也由此导致小小对画画产生了抵触心理。

然而，尽管小小不想上画画课，妈妈仍会逼着她去。如此长期下来，小小越来越抵触画画，甚至公然宣布："我讨厌画画，我不喜欢画画，我再也不画画啦！"但是妈妈仍然坚定不移地相信小小以后一定会成为一名才女，成为一位著名的画家。所以妈妈始终坚持不懈，哪怕小小又哭又闹，妈妈也逼迫她去画画。最终，小小索性消极抵抗，虽然按照妈妈的要求上了画画课，但是根本不用心，作品也越来越差，缺少灵性。发现了小小的巨大变化之后，画画课程的老师对妈妈说："如果小小抵触画画，您不如给她一段时间的自由。毕竟画画从本质上来说是一种创作，必须有灵性作为支撑，也必须激发出孩子的灵感和想象，课程才有意义。只怕继续这样逼着孩子来上课，反而会损伤孩子对画画的积极性和兴趣。"妈妈认真考虑之后，接受了老师的建议。果不其然，几个月之后小小又拿起了画笔，开始了快乐地画画。

一个有特长并且以特长为兴趣的孩子，是幸福的。一个有特长，但最终因为父母的强迫导致对特长毫无兴趣的孩子，是悲哀的。作为父母，我们一定要区分哪种方法对孩子真的有好处，从而找到最好的引导孩子成长和发展的方式。事例中的小小还算是比较幸运的，幸好妈妈在老师的提醒下不再逼她画画，最终才没有彻底伤害她对画画的兴趣。

有兴趣的人生，永远也不会寂寞。在生活感到寂寞无聊的时候，喜欢画画的女孩可以拿起画笔，喜欢唱歌的女孩可以拿起话筒，喜欢运动的女孩可以去运动场上挥洒汗水。总而言之，只要是自己喜欢做的事情，就总能给人带来轻松愉快，也能帮助人获得片刻的休闲。能够培养孩子的特长，让孩子终生以此为兴趣爱好，就是父母送给孩子最好的礼物。

# 第02章

## 追求完美无瑕，涵养提升不能落下

·

品质，是人的立世之本。一个人要想在人世间站住脚，必须拥有好的品质，才能得到众人的认可和赞赏，也才能拥有好人缘。现代社会，人际关系被提升到越来越高的高度，也日益受到更多人的重视。对于任何一个女孩而言，要想让自己变得更加完美，就必须拥有好品质，这样才能让自己变得如同钻石般璀璨耀眼。

## 谦虚的女孩，才是有涵养的女孩

一直以来，中国都有礼仪之邦的美称，这也就要求国人们都讲究礼仪，才能礼尚往来，也使人与人之间的关系更加和谐融洽。其实，礼作为一种具体的行为，指的是人们为人处世时所表现出来的文明举止，以及从中表现出的对待其他人的友善和尊重。这不仅仅是行为上的具体表现，从心理学的层次来说，这也是一种永恒存在的心理需求。一个人只有发自内心地礼让他人，谦让他人，才有可能真正做到有礼有节。因而，假如女孩们想要表现自身的涵养，最好的办法就是谦让他人，这也是尊重他人和以礼待人的表现。

自古以来，讲礼的人都很懂得谦虚、礼让。因为受传统教育和思想的影响，几千年来，中国人都始终秉承这个理念，因而中国人走到世界上，也给他人以谦虚的良好印象。尤其对于女孩子来说，千万不要时时处处与他人针锋相对，更不要因此使自己变得霸道强势。很多时候，涵养反而能够让他人感受到我们的真诚友善，也会令他人因为我们遵守礼貌而更好地回馈我们。真正的强者，绝不以粗鲁的语言和缺乏礼貌修养的行为举止面对他人。女性作为善与美的象征，更要把这种美好的品质发扬光大。

曾经，相关部门计划在伦敦举行中国名画展，为了保证画作的质量，使名画展顺利展开，组委会专程派人去南京和上海进行监督，以选取博物馆中最具代表性、最有中国特色的名画。当时，蔡元培和林语堂都应邀参加选画工作，不想同行的法国汉学家博西荷自以为精通中国文化，因而在选画的时候总是自以为是，滔滔不绝，这让林语堂不堪其扰。为此，林语堂特意观察了蔡元培的神情，发现蔡元培并没有表现出特别厌烦的样子，只是不停地小声说"是的"，似乎博西荷所说的话和他没有任何关系。幸好，博西荷有所觉察，马上闭上嘴巴，不再随意地发表意见，脸上还带着怯怯的表情。后来，林语堂始终没有忘记此事，每当提起来，还说那是一幅展示中国人涵养和外国人不知天高地厚班门弄斧的画卷。

一个谦虚的人，总是习惯于保持缄默。即便自己真的学识渊博，也绝不会当着他人的面故意卖弄。然而，真正喜欢卖弄的人，也未必是没有真才实学的，但是偏偏给人一种修养不够的感觉，遭人厌烦。所以女孩们，不管什么时候都不要当着别人的面卖弄自己，在有需要的时候，我们其实完全可以做到不卑不亢，绝不夸大其词。

作为大名鼎鼎的科学家，爱因斯坦一生之中对科学事业进行了深入的探讨和研究，也进行了很多发明创造，由此造福人类。然而，对于如此巨大的成就，爱因斯坦从未表现得自高自大，更不曾自以为是。

曾经，有人问爱因斯坦："在如今的物理学界，您的成就无人能及，您始终是后人的标杆，又何必总是这么辛苦地操劳呢？其实，以您的成就，您现在完全可以颐养天年了。"爱因斯坦一语不发，马上拿出一张纸和一支笔，然后拿起笔在纸上画了一个大大的圆圈，又画了一个小小的圆圈。接下来，他才告诉那个人："从眼下的情况来看，也许在整个物理学界，我就是那个大圆，而你则是那个小圆。也许，我的知识暂时比你领先一些。现实的情况是，小圆因为周长小，因而它与未知领域的接触面积也比较小，所以小圆反而不知道天有多高地有多厚，更不知道自己所知甚少。与此相反，大圆的周长大，因而更容易感知自己的未知面，所以也就知道天外有天，人外有人，尤其是在科学研究的道路上，更是永无止境的。因此，我必须继续努力，持之以恒地钻研和探索。"

毫无疑问，爱因斯坦是非常谦虚的。面对自己未知的物理学领域，他始终怀着敬畏的态度，也知道自己所知甚少，因而他才能在取得成就之后依然永无止境地不断钻研，从而使自己的已知面不断扩大，也使自己的未知面持续缩小。正因为如此，他才能为整个人类作出巨大的贡献，也才能被后人深刻铭记。

从本质上来说，每个人都有值得肯定和自我骄傲的资本。同样的道理，一个人即使在某个方面造诣颇深，也无法彻底精通所有的科学，或者是相关领域。大自然是神奇的，人的生命更是有着无穷无尽的神秘空间值得我们去探讨。因而，一个女孩只有端正态度，认识到自己的优点和不足，同时能够对客观世界采取合适的态度，才能最大限度地发挥自己的主观能动性，去创造生活，并彰显自己的内涵。

## 勤能补拙，笨鸟先飞的女孩把握人生

古人云，勤能补拙是良训，一分辛苦一分才。这句话是在告诉我们，一个人即使不算很聪明，在天赋方面也没有占据绝对的优势，但是只要他能够以勤奋弥补自己的不足，勤学苦练，就一定能够获得成功。哲学家也告诉我们，实践出真知，一切生活的经验和感悟，都是在切实地展开实践的过程中才得到的。

生活中，总有一些女孩对自己缺乏自信，甚至觉得父母没有给自己生出一个聪明的脑袋瓜子，简直是人生中最大的遗憾。然而，她们不知道，即便一只鸟很笨，只要非常勤奋，也能够笨鸟先飞，从而帮助自己抢占先机，不至于成为其它鸟儿的累赘，拖其他鸟儿的后腿。人生的道理也是同样的。举个最简单的例子，假如一个女孩在班级里的学习成绩很差，而且排名倒数，那么要想改变现状，她完全可以付出更多的努力，甚至比别人先行一步，这样以略微领先的优势再在班级里融合，自然能够有效提升自己的成绩，也避免使班级的实力打折。当然，还有些女孩觉得自己有很大的缺点，就像一只木桶一样有着致命的短板，从而导致影响整只木桶的盛水量。实际上，这也不是致命的。因为积极的女孩会首先补足自己的短板，使之与长板一样长，或者至少不会影响木桶的盛水量。正所谓勤能补拙，善于笨鸟先飞的女孩，才能成为自己命运的主宰。

梅兰芳是我国杰出的戏曲表演艺术家，在戏曲表演的道路上，他曾说："我是个笨拙的学生，没有良好的天赋，只能凭借苦学。"尽管很多人都以为这是梅兰芳的自谦之词，但实际上他说的完全是肺腑之言。

原来，尽管梅兰芳出生在梨园世家，他的祖父、父亲，还有伯父，都是声名显赫的艺术表演家，或者是大名鼎鼎的琴师，然而，梅兰芳在艺术表演方面却并没有天赋。年轻的时候他去拜师学艺，师傅直截了当地说他的眼神呆滞，黯淡无光，根本不适合学戏曲，因而将他拒之门外。然而，梅兰芳天生就热爱戏曲表演，尽管老师已经对他下了断言，但是这一切并没有影响他在学习戏曲的道路上勤奋上进。为了锻炼自己的眼神变得灵活生动，充满神采，他养了一群鸽子，每天都把鸽子放飞，然后极目远眺，盯着空中越飞越远的鸽子，练习眼神的凝聚力。此外，他还养了一大盆金鱼，每天都趴在水面上盯着游来游去的金鱼看。渐渐地，他的眼神越来越犀利，眼珠的转动也更加灵活起来。后来，梅兰芳的一双眼睛总是清澈如水，充满灵性，在表演的时候更是含情脉脉，无声胜有声。

从一个被老师拒之门外且断言不适合学习戏曲表演的学生，到大名鼎鼎、名震中外的戏曲表演艺术家，梅兰芳一定走过了很多常人没走过的路，也吃过了很多常人没有吃过的苦。如果没有这种以勤奋弥补不足的精神，也许梅兰芳就真的与戏曲表演失之交臂了，戏曲的舞台上也就永远地错失了一颗明星。

从梅兰芳的经历中我们不难看出，一个人要想获得成功，自然天时地利人和都不可缺少，但是更重要的是努力勤奋、刻苦钻研的精神。即便天赋差点儿，只要足够勤奋，我们也依然能够笨鸟先飞，尽量弥补不足。女孩们，从现在开始，不管你们对自己有何不满，都先暂且放在一边吧。只要你们能够不遗余力地努力，为了改变自己的命运和人生奋力拼搏，你们就一定能够成为命运的主宰，且丝毫不会逊色于那些优秀的人。

## 百炼钢成绕指柔，温柔女孩惹人爱

现代社会，男性和女性之间因为性别导致的区别，除了生理方面之外，性格、脾气、追求等诸多与精神层次相关的方面，区别都变得越来越小。自从李宇春出名之后，很多她的粉丝也像她一样开始热衷于穿戴偏中性的服装，不但显得英姿飒爽，有的时候还会衬托出自身的妩媚性感，这在无形中也开辟了一条新的女性穿衣之道。然而需要注意的是，女性之所以能够把中性衣服穿出韵味，主要是因为女性的温柔和中性服装偏硬朗的风格形成了鲜明对比。倘若女性朋友们真的和大老爷们一样粗糙，不拘小节，那么也许中性服装衬托出来的就不是女性朋友的妩媚和温柔，而是男人婆的独特气质啦！

归根结底，温柔应该成为女性最不同于男性的气质之一。尽管现代社会中竞争越来越激烈，很多女性朋友不管在生活中还是在职场上，都需要竭尽全力地和男人一争高下，但是这个社会依然更欢迎温柔的女子。从女性的角度而言，温柔不是怯懦，更不是退缩，而是一种特质。很多时候，女性的温柔恰恰能够征服男性的刚强，就像无形的水在世界上的每个角落都无孔不入一样，女性的温柔也能让百炼钢成为绕指柔，散发出独特的魅力和超乎人们想象的力量。

日常生活中，你是希望看到一个个性格刚强、行为粗鲁的女性，还是想要看到温柔可人的女性呢？相信不管是男人还是女人，给出的答案都必然是后者。的确，整个大自然之所以能够阴阳调和，处于微妙的平衡之中，与男女两性之间的相互融合也是密不可分的。假如很多性别都失去本身的特色，女性也变得像男性一样阳刚和暴戾，则世界一定会因为缺少阴柔之美，变得极不平衡。任何时候，聪明的女孩都知道应该依靠自身的优势，扬长避短，以温柔作为自己的"杀手锏"，征服他人、征服世界于无形。

作为一名新房销售人员，盼盼的销售业绩始终不错。很多同事都向盼盼取经，但是盼盼总是不置可否地笑一笑，谁也不知道她到底是如何顺利促使客户签约的。

有段时间，公司里招聘进来很多新的销售人员，并且将他们分配给各个销售业绩良好的老员工当徒弟，从而起到传帮带、言传身教的作用。尽管盼盼并不想透露自己的秘密，但是徒弟总是亦步亦趋地跟着她，渐渐地还是摸索出盼盼的很多秘密。

一天，盼盼给一个看完房子正在考虑阶段的客户打电话。客户是个中年男性，徒弟敏感地发现盼盼说话的声音和腔调完全变了。盼盼变得很嗲，当然这种嗲是正常范围内的嗲，声音也变成了让很多男人都无法拒绝的温柔声调。如此一来，客户当然很乐意和盼盼多聊一会儿，也因此盼盼有了更多的时间说服客户。但是在和女客户打电话时，盼盼的声音又会变成另外一种温柔，是那种彬彬有礼、客套而又有分寸的温柔，女性客户面对这样一个温柔的销售，心里也不免觉得踏实。就这样，盼盼不停地改变着自己的温柔，以应对形形色色的客户，每个月都能顺利卖出去几套房子，也因此而赚得盆满钵满，生意兴隆。

不管是男人还是女人，都喜欢温柔的女性。盼盼正是抓住了客户的这种心理，才能最终成功地打开客户的心扉，也让客户对她非常认可。对于一名销售人员而言，所谓推销，首先要把自己推销出去，才能让接下来推销商品的工作进展顺利。盼盼正是利用温柔的声音打动了客户的心，才能让自己的推销工作水到渠成。

女孩们，不管时代如何发展，都不要让自己成为男人婆。唯有当一个温柔似水的女孩，才能利用温柔的力量征服他人，也才能如愿以偿地把自己展示给每个人。不要以为温柔是软弱的代名词，很多时候，温柔的力量超乎你的想象！

## 心中有爱的女孩，用善良赢得好运

从呱呱坠地开始，每个人就注定了要成为万物的灵长，也是整个自然界的主宰。既然如此，作为自然界中最强大的生物，我们当然要有博爱的胸怀，也要满怀善良和宽容。尤其是女性朋友，一直以来都被作为真善美的化身，就更应该发挥自己温柔的本质，用自己的善良为自己赢得好运，也通过热爱这个世界来改变自己的命运。

现代社会正处于飞速发展之中，每个人都行色匆匆、步履匆忙，似乎每天都有做不完的工作，根本无法再抽出时间来看看晴朗的天空。有很多上班族都是朝九晚五，又因为在路上需要耽误漫长的时间，所以他们经常日出而作日落而息，尽管不用面朝黄土背朝天，却始终在写字楼里埋头苦干，甚至一天下来根本不知道天气是晴朗还是阴郁。如此辛苦地奔波忙碌，是为了什么呢？假如这样的辛苦和操劳让我们的心渐渐变得僵硬，像是干枯的河流一样再也找不到生机，那么无疑是让人遗憾的。

人是情感动物，每个人生活在这个世界上，首先应该拥有充沛的情感，然后还应该怀着博爱的心。明哲保身的人很难给人以温暖，自然也就无法得到他人的温暖。如果人人都抱着明哲保身的态度生活，则人与人之间一定会变得特别冷漠。如此一来，生活还有何希望可言呢！有些女孩非常善良，那是因为她们心中有爱，也愿意用爱来装扮这个世界。也许有些女孩心怀疑虑：假如我们付出了善良和爱，却反而遭到他人的伤害，又该怎么办呢？其实伤害总是存在的，但是我们不能因为有可能遭到伤害，就变得畏手畏脚，使自己失去爱的能力。所谓赠人玫瑰，手有余香。当我们付出善良和爱给他人时，即便得不到他人的回报，我们自己也会因为这份付出感到满足，这就是最好的回报。不过事实证明，善良的女孩总是能够得到好运，因为命运之神会给她们特殊的回馈。

正值冬季，小唐走在大街上，把脖子缩在毛领子里面，还把帽檐压得低低的。突然，小唐看到路边有个老人摔倒了，有几个行人路过，甚至有人迟疑地看着老人，但最终还是选择了决然离去。看着老人艰难地挣扎，小唐想："假如老人再次摔倒，一定会受到二次伤害，后果不堪设想。"想到这里，她马上跑过去，扶起老人，并且把他搀扶到附近的麦当劳里取暖。接下来的时间里，小唐仔细询问老人有没有什么地方觉得不舒服，在确定老人没有受到伤害之后，她又主动提出把老人送回家。老人感激不尽，对着小唐再三感谢。

一天，小唐正在门店里值班，突然有个中年人走了进来，问："请问你家有没有一个姓唐的员工？"小唐抬起头茫然地看着中年人，说："我就姓唐。"中年人又问："是你前天中午在路边扶起我父亲，并且把他送回家的吗？"小唐心里有些忐忑，一瞬间想起很多做好事的人被讹诈的新闻，但她还是坚定不移地说："是的。老人家现在怎么样了？以后这种冰冻天气还是让他尽量少出门吧！"中年人走上来握住小唐的手，说："谢谢你啊，小姑娘。我都听我父亲说了，当时没人敢扶他，只有你这个大胆的小姑娘伸出了援手。"一番感谢之后，中年人留下了自己的名片，后来他更是打电话邀请小唐去他的公司工作。由此一来，原本只是一名销售员的小唐，转眼成为了出入写字楼的白领，最重要的是老人儿子的公司恰恰是她大学毕业时梦寐以求想要进入的公司。

在帮助老人的时候，小唐并没有奢望得到回报，甚至还冒着被讹诈的风险。然而，她无心插柳柳成荫，最终老人的儿子在得知事情的真相后，特意找到小唐，表示了感谢。由此一来，小唐也进入了自己梦寐以求的公司，只要她有真才实学，也愿意努力付出，前途一定不可限量。

古人云，人之初，性本善。这句话是说，每个人在生命的起源，都是非常善良的。女孩们，就让我们保留这份善良，使其成为命运馈赠我们最珍贵的礼物吧！只要心中有爱，我们一定能够得到他人回馈的爱；只要心怀善良，我们看到和遇见的也一定是个善良的世界！

# 任性的女孩终究会后悔

任性这个词语，近来特别流行，特别火爆，还被排名在中国十大流行语的第七位。尤其是在率性而为的网络上，人们总是把"有钱就是任性""我喜欢我任性""我就要任性"等和任性相关的话挂在嘴边，似乎任性已经成为一种时髦，而不是肆意妄为的执拗。

任性最初的意思就是按照自己的心意行事，丝毫不考虑他人的感受和心理需求。任性的人也往往是自私的，他们非常自我，只活在自己的世界里，不愿意向任何人和任何事情妥协。通常情况下，人们以为女孩任性的比例比男孩更高，这是因为很多父母都坚信女孩要富养，却因此弄混了富养和娇生惯养之间的关系，导致对于宝贝的女孩有求必应，绝不进行任何阻挠。由此一来，娇滴滴的小公主从小到大都习惯了父母的疼爱呵护和无条件的服从，即便走入社会，她们也依然无法改变自己的心态，甚至觉得遇到的每个人都应该无条件地服从她，满足她所有的任性。其实，这是不可能的。

任何人在家里都是父母的心肝宝贝，但是一旦走入社会，与其他社会成员之间就是平等的关系。尤其是在公司里，很多女孩依然像在家里一样任性，完全忽略了上司不是她的父母，同事也不是始终包容她的兄长。若她继续任性下去，最终的下场就是走人。此外，对于已经到了谈婚论嫁年纪的女孩来说，更是应该把恋人和父母对自己的爱区分开来，不要在恋人面前肆意任性。要知道，这个世界上愿意无条件包容你的人只有你的父母，除此之外，人与人之间的关系必须靠融洽相处，才能越来越深，才能构建一定的感情基础。很多女孩在爱情和婚姻中被指责不懂得珍惜，也恰恰是因为她们的任性。

有的时候，小小的任性还会导致严重的后果，这是女孩们尤其需要注意的。任性看似事小，但有时引发的严重后果则会导致我们的人生出现重大变故，可谓得不偿失。因此，女孩们应该努力控制好自己的情绪，尽量让自己避免任性。

作为这家咖啡店的销售员，刚刚大学毕业的小雅无疑资历最浅。因而在刚刚进入公司的时候，她每天的任务就是不停地品尝咖啡，从而区分不同咖啡的口感，以便将来更好地为客户推荐。

一个月的试用期里，小雅喝咖啡几乎喝吐了，也正因为如此，她从对咖啡一无所知，到逐渐对咖啡有了一定的了解。有一天中午，其他同事都去吃午饭了，只有小雅一个人守在店里。突然，有位年轻的女士推门进来，想让小雅为她推荐一款口味香浓的咖啡。小雅很快就把咖啡介绍给女士，女士购买之后也满意地离开了。然而第二天，这位女士再次来到店里，偏偏说小雅卖给她的咖啡里有一根头发。对此，小雅极力否认，因为她按照公司规定，员工在店里销售咖啡期间都是用卫生帽把头发全部罩起来的。最终，小雅和客户发生了激烈的争吵，主管赶过来之后，第一时间批评了小雅，并且当即把客户购买咖啡的钱全额退还。

客户走后，主管质问小雅："难道你不知道顾客就是上帝吗？为什么要和顾客吵架？"小雅愤愤不平地说："她明明就是在诬陷我，我当然要据理力争。"主管面色凝重，问："你在入职培训时背诵的员工守则，第三条是什么？"小雅思来想去，才想起来，因而磨磨蹭蹭地说："不与顾客争辩。"主管说："发生任何情况，都绝不与客户争辩，更不能爆发冲突。你必须给我写一份检讨，否则你无法继续留在这里工作。"小雅依然很不服气，在主管逼着她写检查的时候，她居然一气之下选择了辞职。辞职很容易，但是再要找工作，又必须付出几个月的努力，这让衣食无着的小雅在任性地辞职之后，感受到了生活的艰难。

小雅的行为显然已经违反了员工法则，对于很多从事销售工作的人而言，尽管有的时候客户的确涉嫌无理取闹，但是作为服务行业的从业人员，他们也依然要保持面带微笑，不能据理力争，只能尽量想办法和平解决问题。否则，一旦影响了公司的口碑，带来的损失将会更大。在被主管指出错误之后，也许是从来没有受过这种窝囊气，小雅居然为了不写检讨而愤然辞职。不得不说，她这种任性的行为，必然给她带来艰难的处境。

女孩们，冲动是魔鬼。与其在冲动之下做出让自己追悔莫及的事情，不如控制自己的情绪，避免自己在冲动之下任性而为。否则一旦酿成恶果，再想弥补也就悔之晚矣。尤其是那些曾经被父母和长辈捧在手心里呵护的女孩，当你走入社会的时候，更应该及时调整好心态，这样才能更快地适应这个绝不会无原则顺从你的社会，也能够让自己的人生尽快铺开画卷。

## 摆脱虚荣心，让自己坦然面对人生

曾经有心理学家指出，所谓虚荣心，其实就是被过分强化了的自尊心。很多时候，当一个人的自尊心太强的时候，他就难免会对自己保护过度，生怕别人对自己不够尊重。就像一只浑身都炸起刺的小刺猬那样，时刻准备着攻击他人，捍卫自己的尊严。与之相对地，真正有实力也足够自信的人，很少在乎他人对自己的看法和评价，他们坚定不移地走自己的路，坦然活在这个世界上。

通常情况下，那些追求面子，把自己的面子看得比"里子"更重要的人，总是本末倒置，盲目顾全颜面，而丝毫没有想到这样也许会招致严重的后果。有的时候，过分强烈的虚荣心还会使人的心理扭曲，甚至为了满足自己的虚荣心铤而走险，做出触犯法律的事情。这是个人的悲哀，也会给社会带来极大的危害。尤其是女孩们，更容易陷入虚荣心的怪圈。诸如女孩们对于自己的外在总是非常在意，为了穿上漂亮的衣服，为了买得起名牌化妆品，或者仅仅是为了一个时髦的装饰品，她们就很有可能做出丧失理智的事情。在各种网络新闻里，我们不难看到女性朋友为了买车、买漂亮衣服，或者买首饰，利用职务之便挪用公款的事情。当然，世界上没有不透风的墙，她们最终为自己的虚荣付出了惨重的代价，甚至整个人生的轨迹都为此改变了，让人忍不住扼腕叹息。

刚刚大学毕业的西西找到了一份写字楼里的工作，一想到自己从此之后就是真正的白领了，她觉得莫名兴奋。上班第一天，当她穿着在学校里常穿的那身运动服去报道时，那些眼光犀利的女同事全都像看一个怪物一样看着她，似乎她不是新来的职员，而是突然从天而降的外星人。当然，西西当时并不知道那些女同事为何作出这样的反应，直到工作几天之后，她才渐渐悟出了原因。

看看这些在写字楼里光鲜亮丽的白领们吧，也许她们每个月的薪水并不高，但她们不是有着有钱的父母，就是有着有钱的男朋友或者老公，因而她们总是买名牌的时装和包包，也经常互相攀比，以此满足自己的虚荣心。就像昨天吧，娜娜穿了一件名牌连衣裙来到公司，得到了诸多女同事的夸赞。次日，就有至少三个女同事穿上了崭新的连衣裙，而且不管是品牌的知名度还是衣服的价值，都绝不比娜娜那件低。看到这一切，西西自然知道自己这个土老帽为何招人嘲笑了。她暗暗发誓，等到领取了第一个月的工资，一定要为自己置办一身像样的行头。果然，等西西终于拿到了第一个月工资，她甚至没有回家，下班之后就直奔商场而去，想象着第二天同事们看到她漂亮的新衣服时会作何反应。让西西没有想到的是，从此之后，得到女同事的羡慕和夸奖，竟成为了她的唯一目的，甚至她之所以努力工作，也是为了赚取更多的钱，以满足自己的虚荣心。直到有一天，西西因为看中了一款天价时装，最终不得不透支信用卡，才如愿以偿地拥有了那套时装。

这就像是一个闸口，从此之后，西西想买什么就透支消费，却因为欲望越来越膨胀，虚荣心也越来越强烈，导致她的信用卡中的欠账如同滚雪球，窟窿越来越大。最终，西西收到了银行的催款通知书。假如她无法结清信用卡的所有欠债，也许就会因此遭到银行的起诉。此时，西西才恍然醒悟：虚荣心害了我！

在这个事例中，西西的经历其实在很多女性白领身上都有。越是出入于高档写字楼的女白领们也就越容易受到欲望的驱使，被虚荣心捆绑。大多数情况下，她们挣的钱并不足以维持她们越来越奢侈的开支，因而有的人套用信用卡，有的长相漂亮的女性则想起了歪门邪道，为了金钱出卖自己的灵魂。不得不说，虚荣心一旦在人的身上生根，就会像一个恶性肿瘤一样严重影响人的生活，也扭曲人的灵魂。

女性朋友们，不管日子过得好坏，不管钱挣得多少，我们终究更应该关注自身的感受，以及在人生中的透彻领悟。如果只是为了得到他人的羡慕就不顾一切地屈从于欲望，我们的人生将会变成莫大的悲剧。简而言之，要想摆脱虚荣心，我们首先要树立正确的人生观和价值观，此外还要避免盲目从众的心理。唯有如此，我们才能渐渐控制自己的欲望，成为人生和命运的主宰。

## 节俭，是女孩必不可少的优秀品质

前文说过，很多父母为了避免女孩在成长过程中受到物质上的局促，因而也主张极力践行女孩富养的原则。的确，女孩富养能够帮助女孩们摆脱生活的困顿，从而让她们更加从容地充实自己的心灵。正如大多数大家闺秀都出身名门、生活富裕一样，贫苦人家的女孩不管是形象还是气质，亦或者是才华，都与大家闺秀相差甚远。如今生活条件大大提高，经济富裕的父母们也都愿意把自己的女儿培养成大家闺秀。但是需要注意的是，并非奢侈的生活就能培养出优秀的女孩，真正优秀的女孩即便生活富裕，也依然会坚持勤俭节约的优良作风。可以说，节俭是每个女孩都必不可少的优秀品质。

在字典中，"俭"的意思就是"俭省"，中华民族自古以来就把节俭奉为美德。尤其是在生活艰难困顿、物质严重匮乏的年代，几乎人人都是节俭的标兵。然而时代在不断发展，现代社会物质极大丰富，人民的生活水平也有了很大的提高，尤其是被富养的女孩们，更是从未品尝过生活的困顿和艰辛，节俭的美德也因此距离我们的生活越来越远，甚至有很多人为了炫富，开始奉行浪费。尤其是中国人特别爱面子，每当节假日，去看一看摆得满满的餐桌，再想想贫困山区孩子们缺衣少食的生活，真是让人汗颜。假如人人都能节俭一些，不再为了面子剩下那么多残羹冷炙，也许这些节省下来的食物就可以让贫困山区的很多孩子吃饱饭，穿暖衣，这岂不是更有意义吗？

很久以前，在中原地区，有一个农民叫张坤。张坤从小就家境贫困，甚至时常饿肚子吃不饱饭，为此他长大成人之后非常勤奋，每天天不亮就下地干活，直到天黑才回到家里。就这样，靠着勤俭持家，张坤果然过上了富裕的生活。但是他也很担心，因为他的两个儿子从未吃过苦，更未挨过饿，所以他害怕等到他去世之后，儿子们无法继续保持家传的节俭美德。

为此，张坤特意托人做了一块匾，上面写着"勤俭"二字。临终前，张坤把这块匾传给兄弟二人，告诫他们一定要勤俭持家。然而，在张坤去世没多久，他的两个儿子就把匾从中间一分为二，大儿子分得了"勤"字，二儿子分得了"俭"字。果然，大儿子把"勤"字高挂在家里的堂屋正中，每天都遵循古训，日出而作，日落而息，从来不敢有片刻懈怠。因为他在土地上付出了很多辛勤的汗水，所以他年年都有好收成。但是在富裕的生活中，他的妻儿却忘记了"俭"字，全都变得不知道珍惜粮食，甚至馒头过夜了就扔掉，导致家中丝毫没有余粮。

二儿子呢，自从分到了"俭"字，时刻牢记父亲教诲，非常俭省地过日子。但是他俭省有余，却勤奋不足。他非常懒惰，经常日晒三竿也不起床，导致农田荒废，每年收成很少，即便省吃俭用，也无法吃饱肚子。有一年恰逢天下大旱，大儿子家没有余粮，小儿子省无可省，他们全都度日如年。此时，他们不约而同地开始埋怨父亲当年的训诫，因而都气鼓鼓地把匾扯下来，扔到地上使劲踩。不想，匾里面却有一张纸条，上面写着："只勤不俭，生活就像无底洞；只俭不勤，必然坐吃山空。"兄弟俩这才幡然悔悟，原来父亲的教诲的确是持家的真谛，只不过因为他们擅自分家，才导致落得今日的下场。从此之后，他们再次牢记勤俭持家四个字，很快就把日子又过得富裕起来了。

只勤不俭，只俭不勤，都无法把日子过好。唯有把勤和俭很好地结合起来，才能让我们把日子过得越来越红火。事例中大儿子和二儿子的经历，给了我们深刻的教训，我们更应该以此为诫，避免因为不够勤俭，导致生活困顿。

现代社会，很多女孩子因为从小过着衣食无忧的生活，以致丝毫没有勤俭的意识。越是在这样的情况下，父母在教育孩子时越是应该把勤俭挂在嘴边，时刻给孩子们警示和提醒。尤其是中国社会的现状，大多数家庭都需要女性操持家务，经营家业，因而女孩子更应该学会勤俭持家，如此才能为一家人提供更好的生活，也使家庭更加兴旺和美。

# 第03章

## 掌握礼仪密码，培养优雅淑女风姿

很多女孩都以为，只要打扮得清新脱俗有气质，就可以当淑女了。其实，真正的淑女不仅仅是外形上要符合淑女的气质，更重要的是必须提高自身的礼仪修养。只有由内而外散发出淑女的独特气质，发自内心地善良美好，这才是真正的淑女。

# 淑女的礼仪，从头开始

现代社会，人们越来越注重自身的形象气质，尤其注重从头开始的美丽，这一点从遍地开花的发型设计工作室就可见一斑。的确，美丽要从头开始，也正因如此，爱美的人越来越注重发型的潮流。尤其对于淑女来说，更应该注重自己的发型，从而更好地表达礼仪。

也许有人会说，礼仪和发型有什么关系呢？的确，狭隘的礼仪似乎只与人们的言谈举止有关。然而随着时代的发展，现代的礼仪范围已经越来越宽泛，尤其是中国与西方社会的接轨，也使更多的人意识到我们必须注重形象，才能更好地展现礼仪。西方社会的很多女性朋友在去重要的场合，或者参加宴会时，不但讲究衣着，更注重发型的设计。

从整体形象的角度而言，发型对于一个人的气质和整体风格会产生至关重要的影响。几千年来，中国素来被称为"礼仪之邦"，国人也都非常注重礼仪。尤其是在古代社会，那些精美的发饰至今依然令人叹为观止。由此可见，对于发型的重视是自古就有的，因而才能沿袭至今。不过随着时代的发展和社会的开放，越来越多的人不拘小节，在生活的礼仪方面也更加随意。在这种情况下，礼仪在人们心目中的地位似乎又有一定程度的降低。

对于女孩而言，要想成为一名真正的淑女，就一定要由内而外散发出美丽，也只有注重礼仪的细节，才能在社会交往中如鱼得水，游刃有余，得到他人的认可和赞赏。

　　大学时代的豆豆是个非常时尚前卫的女孩子。不管是把头发拉直，还是把头发变成爆炸式，亦或者是染发，追求发型潮流的豆豆都是女生之中的百变女郎，甚至有些女生和豆豆开玩笑："你呀，完全可以为理发店代言了。"的确，豆豆就是喜欢捣鼓自己的头发，总是引领着整个学校的发型潮流。

　　大学毕业后，豆豆过五关斩六将，经过层层面试，好不容易才进入一家公司，成为经理助理。上班第一天，她虽然按照公司的要求穿着深色的职业套装，还特意为自己购置了一双看起来不那么老气的属于职业女性的高跟鞋，但是她终究没有舍得把自己好不容易挑染的五颜六色的爆炸式发型纠正过来。豆豆还抱着侥幸心理：也许经理不会留意到我的发型，或者还很欣赏我的发型呢！豆豆就这样顶着五颜六色的爆炸式发型去上班了，经理见到自己的新助理，不由得站在那里沉思起来，最终说："我给你一个小时的时间，整理出一个合格的助理形象。"就这样，豆豆飞奔到楼下的理发店，不但改变了爆炸式的发型，还把头发彻底染成黑色的。因为时间紧迫，她只能忍痛让理发师剪掉她的一头乱发。看着镜子里突然变得庄重起来的自己，豆豆自我安慰：也不错，既然我注定在很长一段时间里都是助理，是一名职业女性，索性一劳永逸吧！

　　事例中的豆豆曾经是一名自由自在、可以尽情彰显个性的大学生。为此，她可以随心所欲地进行百变造型，特立独行。然而，一旦走上工作岗位，尤其是作为经理助理，要经常陪伴在经理身侧，帮助经理处理繁杂的事务，有的时候还要和经理一起招待客户，夸张的发型无疑会给人轻浮和不够庄重的感觉，也会影响公司的形象。因而从长远考虑，之前还抱着侥幸心理的豆豆只能痛下决心剪短头发。从此之后，豆豆也从一名女大学生变成了真正的职业女性。

女孩们，一个人在与他人见面时，发型往往在第一时间跳跃到他人的眼中，因为人们在打量他人时总是从头开始。如果说第一印象决定了我们留给他人的印象，那么发型则又决定了我们给他人留下怎样的第一印象。从现在开始，要想成为全方位无死角的淑女，我们必须从头开始，根据时间和场合来决定自己的发型，从而做到恰到好处，充分彰显出我们的淑女气质。这样一来，别人也会感受到我们极高的涵养和我们周全的礼仪，从而对我们留下良好的印象。

## 优美的坐姿和站姿，展示淑女风采

对于军人，大家都知道他们要坐如钟，站如松。那么对于淑女而言，究竟怎样才是优美的站姿和坐姿？针对每个人不同的社会角色，以及自己想要形成的独特风格，每个人都要全方位打造自己，从各个细节让自己趋于完美。唯有如此，我们想要达到的形象才能更加到位，也才能给他人留下良好的印象。

通常情况下，大家心目中的淑女都是站有站相，坐有坐相的。她们不仅仅表谈吐具有淑女的风范，行事作风拥有淑女的淡定从容，行为习惯上更是符合中国女性的特色，具有美好的品行。毋庸置疑，对于淑女而言，坐姿和站姿都是很重要的。试想，假如一个淑女在妆容精致、衣着得体的情况下，站着却不停地抖动腿部，坐着却双腿大大分开，就像一个大老爷们一样粗鲁，不注意自己的姿态，那么这个淑女的形象一定会大打折扣。很多时候，细节决定成败，越是细节的地方越能够表现出一个人真正的品质和实力。而站姿和坐姿恰恰是很多淑女不曾留意的细节，真正的淑女一定会注意到，也会由此更加用心地打造自己的淑女形象。

蒙特梭利认为，躯体的诸多状态构成了人们各不相同的姿势。然而，人是具有社会属性的，因而在长期的社会生活中，原本人们从生理角度构成的躯体姿态，也逐渐演变成具有社会性的姿势。很多在社会生活中承担不同角色的人，他们的姿势也具有一定的社会特色，诸如大多数领导走起路来都大摇大摆，带着至高无上的权威性；很多教师都微微有些驼背，因为他们长期伏案疾书；还有些舞蹈演员总是挺胸凹肚还撅着屁股……这都是社会生活在人们的姿势上留下的深刻烙印。同样的道理，淑女不但言行举止和其他女性不同，她们的各种姿势也带着淑女的独特风格和气质。

这个周末，很多女孩们都应邀参加了淑女集会。这个集会是由学生会组织的，旨在让女孩们都注重淑女形象，展示淑女之美。集会要求每一个参加的女孩都要竭尽所能地表现出淑女的端庄，因而女孩们在参加集会之前都很好地打扮了自己。

看着盛装出席的女孩们三五成群地围在一起闲谈，或者坐成一圈喝着饮料，主持人走上台上说："今天，大家的穿着打扮基本都符合淑女的礼仪。但是呢，有一点很多人都做得不够好，那就是站姿和坐姿。"说完，主持人在大屏幕上开始播放刚刚偷偷拍摄的女孩们的站姿和坐姿，果然大家的站姿和坐姿都很豪放，有些女孩看起来比男性还粗犷呢！尽管照片被打上了马赛克，但是有些女孩还是认出来被曝光的人中有自己，因而她们马上正襟危坐，站着的女孩也都收敛身形。此时，主持人又说："其实淑女的站姿和坐姿并不僵硬，我看到有很多在场的女孩们都马上紧张起来。下面，就让我们一起来学习下那些各国领导人夫人们是如何站立和端坐的吧。她们不但显得很淑女，而且也不僵硬，实在是我们学习的典范。"接下来的时间，大屏幕上出现了各国领导人夫人在公开场合的站姿和坐姿，女孩们全都受益匪浅，也通过学习变得更加符合淑女的礼仪要求了。

每一个女孩都有一个淑女梦，也都希望自己能够通过恰到好处的言行举止尽情展示淑女的风采。然而，成为淑女并非只是说说这么简单，要想成为一名真正的淑女，我们不但要努力提升自己的形象气质，还要从细节方面多多注意，这样才能使自己成为全方位的淑女。

女孩们，从现在开始，就从淑女的入门级改变——站姿和坐姿开始做起吧。唯有站有站相，坐有坐相，我们才能成为一名真正符合要求的淑女，也才能尽情展示淑女的真我风采！

# 淑女不得不知的日常礼仪，你知道吗

中国是有着上下五千年悠久历史的文明礼仪之邦，具有中国特色的淑女一定也是一个知书达理，能够做到以礼貌对待他人的淑女。作为现代社会的成员，相信每一个淑女都希望以自己的知书达理、礼貌待人赢得他人的尊重和认可，从而能够在社会交往中如鱼得水，游刃有余。其实，面对一个知晓礼仪的淑女，每个人都将会被她深深地吸引住，也为她所征服。

当然，社会生活涉及很多方面，这也要求淑女们必须熟知日常生活的礼仪，这样才能面面俱到。因而知书达理虽然说起来只是简单的四个字，但是真正想要做到，却需要淑女们付出很大的努力，还要耐心细致，才能时刻提醒自己向着淑女的标准不断靠近。

除了前文所说的坐有坐相，站有站相之外，淑女的日常礼仪还有很多。诸如在去他人家中做客时，一定不要擅自落座，更不要未经主人许可就在他人家中四处晃荡。尤其是作为私密空间的卧室，更不要轻易涉足。如果想要使用洗手间，更应该先征询主人的同意。当受到主人热情挽留吃饭时，如果与他人碰杯，一定要主动降低自己杯子的位置，以表示对他人的尊重。这仅仅是做客礼仪的冰山一角。

作为淑女，外出的时候一定要带着雨伞和纸巾，幸运的是如今有了方便的面巾纸、湿纸巾。当然，也要保持包的整洁干净，这样可以随意拿出需要的东西。要知道，淑女从来不会当着其他人的面在包里翻来翻去找东西，更不会把包包里的东西全都一股脑儿倒出来。此外，尤其要注意尊老爱幼，不管做任何事情，都要礼让老幼，不要故意争抢。总而言之，有关生活中的方方面面，淑女都要养成良好的礼仪习惯，这样才能给他人留下良好的印象，也才能展示自身淑女的风采。

近来，静静的好朋友乔乔要来上海玩，静静与乔乔从大学时期就是闺蜜，因而静静非常高兴，作好了一切招待乔乔的准备。

乔乔一家到达上海的第二天，静静就带着乔乔全家去了游乐场。原来，乔乔的儿子小乔从未到游乐场玩过，因而这次玩了个痛快。他们从早晨八点多出发，直到晚上九点游乐场关门才恋恋不舍地离开。对于那些因为身高限制没有玩的项目，小乔更是意犹未尽，不停地嘀咕："妈妈，我一定要好好吃饭，努力长高，这样我下次就可以玩那些没玩过的项目了。"上了公交车，静静和乔乔依然大声说话，她们许久未见，似乎有说不完的话，而且非常兴奋，还沉浸在游乐场的惊险刺激中。

突然，公交车司机大声呵斥她们："不要说啦，小声一点好不好？"静静没有听清楚公交司机的提醒，依然和乔乔兴致勃勃地聊天。没过几分钟，公交车司机再次提醒她们："不要说啦，烦死人啦！"这次，静静听懂了公交车司机带着浓重上海口音的话，她这才注意到那些深夜乘车的人们全都昏昏欲睡，因而不由得脸红起来。她马上闭口不言，再和乔乔说话也是压低嗓门，控制在只有两个人能听到的音量之内。静静暗暗责怪自己：一直以淑女自居，这次怎么就忘记了在公开场合不能大声喧哗呢，都是因为得意忘形了！

不管是乘坐深夜的公交车还是乘坐白天的公交车，只要是在公众场合，为了避免影响他人，淑女们都应该尽量保持沉默，即便有非说不可的话，也要尽力压低音量，这样才能避免因喧哗而引起他人的怒目以视。

每个人都是生活在社会群体中的人，尤其是身处公众场合时，我们更要注意控制自己的言行，从而避免给他人带来负面影响。只有时时处处照顾他人的感受，淑女们才能让自己的言行举止更加得体，也才能避免影响他人。归根结底，生活中要想面面俱到地遵守礼仪，是需要付出极大的自制力，也是需要耐心和毅力的。尤其是生活的细微之处数不胜数，要想每时每刻都保持淑女的风范，除了要知晓日常礼仪之外，淑女们更要学会设身处地为他人着想，努力照顾他人的感受。

## 女孩如何走路姿势才优美

前文说了淑女的坐相和站相，接下来，让我们一起来学习淑女应该如何走路，才能保持优美的姿势。毋庸置疑，摇曳生姿的女性行走之态更能给人以美的享受，也能帮助淑女们尽情展示淑女的风采。

很多淑女注重从各个方面提升自己，诸如研究厨艺，学习插花，还有些淑女把拉丁舞跳得出神入化，也能说得一口流利的英语，可以说她们是活到老学到老的典范，在成为淑女的道路上始终勇往直前，绝不退缩。也许这些精致、资深的淑女会说，走路有什么难的，那么难的各种学习我们都能坚持到底，走路不就是迈开双腿大步向前吗？然而，大家还记得邯郸学步的故事吗？战国时期，赵国邯郸人走路的姿势非常美，因而有个燕国人特意来到赵国，学习邯郸人走路。然而，他一心一意只想学会邯郸人的优美步态，最终却忘记了自己原本走路的姿势，导致最终只能爬着回到燕国。为此，大名鼎鼎的诗人李白作诗：寿陵失本步，笑煞邯郸人。尽管这只是一个历史典故，却告诉我们走路并非简单容易的事情；要想把路走好，更不是那么轻松的。

以为走路很轻松的人，大多数都不知道走路原本是个技术活。能够把路走好的人，就会像奥黛丽·赫本一样高贵优雅；否则，即便天生丽质，也会因为走路的姿势不够优美导致形象减分。除此之外，不健康的走路姿势还会导致身形受到损伤，不利于身体健康。接下来，就让我们来看看一个真正的淑女应该怎样优雅地行走吧！

首先，应该保持头部垂直，既不要仰面朝天给人以骄傲自满的印象，也不要总是低头看脚表现出自卑的模样，这样还会损伤颈椎。只有保持头部的垂直，才能保持颈部肌肉的线条优美，让视线始终看着前方的几米处。其次，手臂应该自然摇摆，随着步伐的节奏体现出韵律美。记住，不要把手插在衣服的口袋里，这样一旦摔倒将会很狼狈，而且也是待人没有礼貌的表现，更会使身形显得佝偻。再次，双肩要自然放松。如果走路的时候肩部过于紧绷，则整个人都会给人以紧张不安的感觉；如果过于放松，也会导致身体不能挺拔。此外，还要保持匀称的呼吸节奏，这样才能调整好呼吸的频率，使呼吸与行走的节奏相得益彰。最后，还要调整好身体的重心。重心的正确位置不是在腰部，否则整个人就会显得故意向上拔起；而应该在髋部，这样腰部才不会因为行走感到疲劳，整个身体的姿态也会显得更加挺拔。当然，行走的姿态是全身的统一协调，我们必须把身体的各个部位看成是统一的整体，使它们相互配合，和谐融洽，这样才能拥有美好的姿态。

正在读初中的小雅每天都背着妈妈缝制的布书包去上学，时间久了，她居然变成了高低肩，走路的时候身体总是向一侧倾斜。这个问题是小雅好朋友的妈妈首先发现的，她看到小雅走路的模样，因而提醒小雅："小雅，走路的时候为什么向一侧倾斜呢？这样岂不是无法保持平衡了吗？"由此，小雅也发现了这个问题，但是她也不知道自己为什么会变成这样。

后来，小雅在妈妈的再三提醒下，好不容易才改掉了高低肩的毛病，有很长一段时间她走路的时候都刻意朝着相反的方向倾斜，最终才使双肩又恢复了平衡。直到读大学，小雅才知道了自己高低肩的原因。原来，小雅背着妈妈缝制的布书包时肩膀上总是一侧有重力下压，一侧没有。长此下去，导致受到重力压迫的肩膀情不自禁地要往上使劲，这样一来等到没有重力的时候，那一侧就显得高了很多。这也是现在的孩子们都背双肩书包，而且细心的父母还会为孩子们准备护脊书包的原因。

即使小雅的外形条件很好，一旦她养成了身体朝着一侧倾斜走路的坏习惯，也会导致她整个人看起来都很别扭。众所周知，平衡才是美的。尤其是人的身体，更是几乎完全对称的。在这种自然对称的身体条件下，失去平衡当然会使人看起来很不协调，因而也就失去了美感。

女孩们，每个人每天都需要行走，看似简单轻松的行走要想真正走好，并非是简单容易的事情。我们唯有时刻注意修炼自己的身形，帮助自己更加轻松优美地行走，才能走出韵律，走出风采！

## 与人交流，必须掌握文明用语

近来，在安徽师范大学的某校区进行了一项特殊的活动，即每个学生在去食堂就餐时，假如能够使用文明用语和食堂的师傅进行交流，那么就可以五折用餐。校方之所以举办这样的活动，目的很明显，即他们想用这样的方式帮助学生们更加重视使用文明用语。尽管食堂里的师傅们整日辛苦地洗菜做饭，并不是为了得到学生们的感谢，但是学生们一句"请"和"谢谢"依然使他们因为受到尊重，而发自内心地感到温暖。

现代社会，掌握文明用语并非新奇的事情，经过几十年的推广，大多数人都意识到了文明用语在人际交往中的积极推进作用。然而，尽管人人皆知要使用文明用语，真正能够做到的人却很少。创建文明社会必须依靠每个人都自觉、主动地使用文明用语，才能让使用文明用语成为一种习惯，也成为人人都具备的优秀品质。毋庸置疑，使用文明用语会使人与人之间的交流更加和谐，也使人与人的交往变得更加融洽。看似无足轻重的文明用语，一旦在全社会范围内得到推广，必然对整个社会的文明历程起到极大的推动作用，也会使全社会的文明素养更上一层楼。

知书达理的淑女，则更应该积极主动地使用文明用语。否则，若一个女孩说话粗鲁，口不择言，有谁还会认为她是一个淑女呢！只怕还会对她产生恶劣的印象，甚至对她避之不及。古人云，良言一句三冬暖，恶语伤人六月寒。只有多多使用文明用语，才能让人与人之间的坚冰融化，也才能让整个社会充满温暖和谐。

在大森林里，生活着小白兔一家。因为从小得到父母的无限宠爱，小白兔变得衣来伸手，饭来张口，而且很不懂礼貌。每天，小白兔都冲着妈妈喊道："喂，我饿了，要吃饭。""喂，洗澡水放好没有？""喂，你怎么还没帮我洗胡萝卜呢！"住在小白兔家隔壁的狐狸妈妈看不下去了，对兔妈妈说："你家的孩子怎么整天对你呼来喝去的，太没有礼貌了。"兔妈妈却不以为然地说："没关系，等长大就好了。"

有一天，小白兔告别妈妈去山那边的奶奶家。它走啊走啊，因为时不时地看看鲜花，抓抓蝴蝶，居然不小心迷路了。看到花丛里的蜜蜂正在采蜜，小白兔喊道："喂，去山那边怎么走？"蜜蜂继续采蜜，丝毫不理睬小白兔。后来，燕子从远处飞过来，小白兔又问："喂，去山那边怎么走？"燕子摇摇头。小白兔走啊走啊，又遇到了一条猎狗，它冲着猎狗喊道："喂，去山那边怎么走？"猎狗瞪着小白兔，头也不回地走远了。无奈之下，小白兔只好自己胡乱找路，直到天黑了依然在山里转悠，彻底分不清东西南北了。夜幕降临，它吓得哇哇大哭起来。

小白兔因为没有使用礼貌用语，因而接连问了蜜蜂、燕子和猎狗，都没有得到任何回应。不得不说，是爸爸妈妈平日里对它的骄纵，使它养成了从来不知道使用文明用语的习惯。如今的小白兔迷失在大山里，可谓吃足了苦头，还有可能遭遇生命危险。

生活中任何时候，作为淑女，不管是想要得到他人的帮助，还是只是想与他人更好地交流，我们都要学会使用文明用语。仔细想想，说那些文明用语并不需要我们付出很多，只是动动嘴皮子，就能帮助我们得到他人更加积极热情的对待，何乐而不为呢？所以女孩们，从现在开始就让我们嘴上抹蜜，把话说得更加礼貌动人吧！

## 女孩，你会握手吗

随着西方礼仪的传入，现代社会的很多人都习惯了见面握手，以表示对对方的尊重，也表达出自己主动交好的意味。然而握手看似两手轻轻相握，实际上却蕴含着很多礼仪方面的细节。握手握得好，能够帮助我们和对方建立良好的关系，产生愉快的交流和互动；如果触犯了礼仪的禁忌，就会导致人们彼此之间关系生硬，甚至还不利于后期的交往，可谓损失惨重。

在人际交往中，女孩们因为性别的原因，在握手的时候有更多的讲究和礼仪方面的注意事项。因而一个懂得礼仪的女孩，一定深知握手的礼仪，毕竟不管是在生活中还是工作中，女孩们都面临各种需要与他人握手的情境。女孩，你会握手吗？下面就让我们从了解握手的相关知识开始吧！

在人与人交往的过程中，尤其是对于初次见面的人，握手作为交际的一部分，不管是握手的姿势还是轻重力度以及时间长短，都是有讲究的。美国著名的女作家海伦从小就失去了听力和视力，因而触觉尤其敏锐。关于握手，她说："手非常神奇，既能拒人于千里之外，也能让人感受到阳光普照，发自内心地享受温暖……"的确，人与人初次握手，尽管没有太多的语言寒暄，但握手就像是无声的语言，让人们之间有了深入心灵的交流。例如，真诚的人往往毫无保留，主动伸出手，向他人示好；他们还会彻底张开手掌，以掌心与他人相握。有些人比较保守，也具有防范意识，只会用手指与他人浅浅地相握，在与这样的人相处时，就要注意不能侵犯他们，要循序渐进地让交往逐步深入。当然，需要注意的是，女孩在与他人握手时，为矜持起见，最好不要彻底张开掌心，否则会给人以轻浮的感觉。不过，如果是面对异性，女性最好主动伸出双手，因为握手的惯例就是异性之间要由女性主动表达握手的意愿，男性才能表示配合。为了尊重女性，男性是不应该主动伸出手，表达握手意愿的。

作为公司的业务代表，琳达和玛丽最近被公司派出去与一个大客户洽谈。这个客户已经维护了很长时间，如今正处于关键时期，也许成败就在此一举了。在与客户约好的时间里，琳达和玛丽来到了客户的公司，坐在会议室里等待客户的到来。

在上午十点，客户准时推开会议室的门，坐到琳达和玛丽面前。这时，经验老道的琳达马上站起身来，主动伸出手，与客户握手。作为新人的玛丽则显得有些扭捏，因而客户不知道接下来是继续与玛丽握手，还是缩回自己的手，最终显得非常尴尬。

幸好，琳达马上找到话题说了起来，及时消除了客户的尴尬。

在这个事例中，为了表示对客户的尊重，也打消客户是否握手的顾虑，琳达第一时间伸出手，热情地与客户握手。玛丽却因为经验不足，不知道是顺着琳达的表率，也伸出手和客户握手，还是保持矜持，不与客户握手，因而让客户显得很尴尬。其实，琳达和玛丽作为公司的业务代表，理应伸出手主动与客户握手，这样一来既表现出她们对客户的尊重，也能让客户感受到她们的真诚与热情，可谓一举两得。

女孩们，握手是一种无声的语言，假如我们能够更加深入钻研握手的文化以及礼仪和禁忌，就能够最大地发挥握手的积极作用，使其对我们的生活和事业都起到良好的推动作用。反之，假如我们因为不懂得握手的礼仪，导致生活和工作受到负面影响，则可谓得不偿失。从现在开始，就让我们多多以正确的礼仪与客户握手吧。唯有如此，我们才能把握手的作用发扬光大，也才能让握手在我们的生命中发挥积极的作用。

## 你的西餐吃对了吗

现代社会，人们已经从注重吃的本质，发展到注重吃的形式，因而吃渐渐从世俗变得高雅，也有很多人开始追求西餐的浪漫气氛和情调。殊不知，西餐的礼仪和中餐完全不同，假如我们用吃中餐的礼仪吃西餐，则一定会闹出很多笑话，也会因为不礼貌给人留下恶劣的印象。因此，要想把西餐吃好，要想通过吃西餐给他人留下良好的印象，我们首先必须学会如何吃西餐，其次还要掌握吃西餐的礼仪，才能把西餐吃得尽情尽兴，也恰到好处。

和中餐只讲究座次，却不讲究入座的方式不同，吃西餐对于入座的方式是极为讲究的。就餐者必须从左侧入座，然后以几乎碰到桌子的距离站在桌子的一侧，再等着侍者把椅子推回适宜落座的位置，这样才能坐下。就餐时身体一定要端正，将餐巾对折后摆在膝盖上，而且要避免双腿交叉。由于西餐的餐具不像中餐只有筷子，所以在使用刀叉时，也有很多注意事项。诸如取用刀叉的次序是由外而内，而且要用右手拿刀，左手拿着叉子按压住食物，然后再用刀子轻轻切割。这只是使用刀叉的基本礼仪，随着对西餐文化的深入了解，还有很多细节需要注意。

在用餐过程中，绝不要嘴巴里含着食物说话，更不要挥舞着刀叉说话；使用餐巾擦拭嘴巴时，要轻轻沾擦，而不要使劲擦拭，否则会给人留下不礼貌的印象。此外，吃面包要掰成小块之后再涂抹黄油或者果酱，喝汤也要用汤勺舀着喝，切忌就着汤盘吸溜。尤其不能发出任何声音，否则也是不礼貌的表现。总而言之，吃西餐有很多细节需要注意，我们必须多多了解西餐的餐桌文化和礼仪方面的注意事项，才能正确地吃西餐，也才能尽情展示我们的淑女风采。

琳达无论如何也想不明白，作为公司公关部的一员，为何她才陪伴主管吃完西餐，就被开除了呢！直到有一次她和留学美国的闺蜜去吃西餐，才知道原因。

那天，她和闺蜜来到提前预约好的西餐厅，闺蜜号称要请她吃到最正宗地道的牛排。点完餐之后，琳娜看到闺蜜拿出一张湿纸巾，开始擦拭口红，她疑惑地问："你为什么要擦掉口红啊？"闺蜜笑着说："吃西餐和吃中餐可不一样，我这也是去了美国才知道的。美国人最忌讳吃西餐的时候，把口红的唇印留在餐具上，并且认为这是对客人极大的不礼貌。所以我也习惯了每次吃西餐都擦拭掉口红，等到用餐结束，再重新涂抹口红。"这时，琳达恍然大悟："难怪呢，我刚刚进入上一家公司的公关部，主管就特意请我吃西餐，并且说吃西餐也是作为对员工的重要考核，因为在以后工作的过程中需要经常陪伴外事客户吃西餐。但是我吃完西餐就丢掉了工作，那时我也不知道自己哪里做错了，但是我记得很清楚，洁白的餐具上有我留下的鲜红唇印。"闺蜜笑着说："是了，肯定就是这个原因。你呀，要想发挥自己英语的特长找到好工作，就必须了解西餐的礼仪，这样才能成为西方人眼中真正的淑女。"

因为在主管的西餐考核中没有过关，琳达失去了一份很好的工作。由此可见，我们不但要成为具有中国特色的传统淑女，更要成为符合西方审美标准的淑女，这样才能在这个全球化的时代获得全世界的认可。

女孩们，也许你至今为止还从未吃过西餐，但是这并不影响你了解西餐的礼仪。随着时代的发展、社会的进步和各个国家的大融合，未来的我们会有更多的机会与外宾接触，这也就对我们的西餐礼仪提出了更高的要求。即便我们与自己的同胞一起吃西餐，也应该尽量提升自己的素养，从而把西餐吃对吃好，这不但是对他人的尊重，也是展现我们自身淑女素质和风范的好机会。

# 第04章

## 不做大家闺秀，亦德才兼备懂高雅

　　中国是传统的礼仪之邦，富贵人家对于女孩的培养目标就是使其成为大家闺秀，即所谓的琴棋书画样样精通，而且要知书达理、德才兼备。不过，古代社会的女子除了学习这些大家闺秀的必备素质之外，无须进行艰苦的学习和工作，所以有更充分的时间和精力提升自己。现代社会，女性和男性平起平坐，也需要努力学习，走入社会与男性公平竞争，因而早已没有那么多的时间把自己修炼成一个真正的大家闺秀。同时，人们对于大家闺秀的标准也与时俱进，发生了顺应时代形势的改变。然而，不管时代如何进步，德才兼备都是人们对于大家闺秀必不可少的要求。

## 琴棋书画，至少要精通一样

古代社会的优秀女子，往往琴棋书画样样精通，现代社会的女孩，在逐渐沉重的学习压力下，俨然已经没有充足的时间学习这些才艺，毕竟学习才是重中之重。不过，这些艺术领域中的学习往往能够提升女孩的气质，也能够帮助女孩完善才情，所以女孩在紧张忙碌的学习和工作之余，至少应该研习一门艺术。不管是音乐，还是绘画，亦或者是书法、插花等，都能够很好地让女孩在艺术领域富于涵养。大多数情况下，不同门类的艺术之间也是相通的，因此也能促进我们在其他方面得到提升。

从另一个角度而言，现代社会的生活节奏越来越快，工作压力也越来越大，更多的人在紧张忙碌的生活中疲于奔命，很少有时间停下来进行片刻的休闲和放松。在这种情况下，很多职场上的年轻人心力憔悴，都处于亚健康状态，不但身体紧张，心理和精神上也像绷紧了弦，片刻也无法放松。如果能够有自己擅长的才艺，并且是真心喜爱的兴趣与特长，那么至少可以在紧张的工作之余，让自己找到生活的乐趣。例如，喜欢画画的人，在休息的时候可以专心投入地创作一幅画，喜欢唱歌的人可以在紧张之余高歌几曲。当然，偶尔静下心来插花、练习书法，都是能够帮助人们放松和愉悦心情的，不仅能够缓解人们的紧张情绪，也能够使人们在紧张的生活中获得乐趣。

尤其是女孩，因为生理和心理上都与男性有着巨大的差异，所以在很多方面也处于劣势，对于压力的承受能力也不如男性。在这种情况下，女孩更要怡情养性，让自己劳逸结合，将紧张和放松结合起来，才能更好地面对生活，享受生活。

亚楠还记得小时候，自己被妈妈逼着练琴的情形。当时，小小年纪的亚楠对弹钢琴表现出了短暂的兴趣，但当妈妈把昂贵的钢琴搬回家并且花费重金请来了钢琴老师之后，亚楠就一点儿也不想学琴了。毕竟，对于年纪尚小的她而言，钢琴实在是太单调枯燥了。从此，妈妈为了逼着亚楠练琴，可没少和亚楠起冲突。最终，亚楠哭着喊出："我讨厌钢琴！"妈妈却语重心长地说："乖女儿，妈妈并不奢望你真的能够成为钢琴家，有所成就，妈妈只是希望你未来在面对艰难的生活时，能够找到片刻的愉悦感受，在精神上也有所寄托。"最终，亚楠还是拗不过妈妈，艰难地学起了钢琴，不知道付出了多少汗水和泪水，才小有所成。

虽然亚楠最终的确如同妈妈所说的，并没有成为一个钢琴家，但是在钢琴曲的熏陶下，亚楠的气质变得清新脱俗，非常高贵。而且，在大学毕业后，面对巨大的工作压力时，亚楠总是在心烦气躁的时候弹奏钢琴，当那些富有生命活力的音符一个个流淌进她的心间时，她感受到发自内心的愉悦平静。有一次公司开年会，亚楠更是穿着高贵的晚礼服当众演奏了钢琴曲，这让她瞬间在公司出了名，还有几个优秀而又年轻的公司高管，都对亚楠表达了爱慕之意呢！

亚楠小时候在妈妈的逼迫下才坚持学习钢琴，如今已经长大成人的她深刻感受到妈妈说的话是对的。生活艰难，人总要有一些精神寄托，才能在获得情感的慰藉之后继续在漫长的人生道路上踽踽前行。而且，当心情不好的时候，当压力倍增的时候，能够从自己擅长的兴趣爱好中得到愉悦，也是人生的一大乐事。

女孩们，如果你们正在成长的过程中，或者你们已然走出大学校园，走上工作岗位，不妨都赶快学习一门艺术吧。当你们潜心于艺术的世界时，一定会感受到精神的力量从心田中涌出，你们自然也会因此感受到生命中更多的乐趣和愉悦！

## 爱读书的女孩也像一本书，耐人寻味

行走在大城市熙熙攘攘的街道上，坐在如同蜘蛛网般密集的地下城市铁路上，坐在摩肩接踵、毫无缝隙的公交车上，你可还能看到有人手拿着一本散发出油墨清香味道的书静静地读？亦或者是在环境清幽空气清新的公园里，在光线昏暗散发出真正浓郁香气的咖啡馆里，在散发出浓重汉堡和炸鸡香味的肯德基麦当劳之类的快餐店里，你可还能遇到一个有着书香气质的人？

随着时代的发展，社会的不断进步，电子产品充斥着人们的生活，人们的生活也毫无悬念地被电子产品绑架。不管是手机还是iPad，几乎人手一部。遗憾的是，从此之后，全世界的每个角落里，看书的人越来越罕见，盯着电子产品目不转睛的人却越来越多。在这个纸媒需要被拯救的时代，人的心灵也因为缺乏了书香的浸润而变得干涸。

女孩们，你喜欢看书吗？你可知道捧着一本书沉迷于阅读的你，散发出迷人的气息，也散发出诱人的书香气质。读书的你，远远比拿着苹果7刷屏的你更优美；沉迷于文字世界里的你，远远比喜欢看网络上花边新闻的你更优雅。作为人类世代传承的精神食粮，书比任何转瞬即达的新闻和讯息，都能够给予我们更多关于生命的感悟。在这个快餐时代，也唯有保持用心读书的好习惯，我们才能更加感受到读书的魅力，使自己的人生更加丰盈厚重。

在公司的年会上，公司里众人皆知的钻石王老五——年轻有为的张总，对于新入公司的黄毛丫头林楠表现出浓厚的兴趣。几乎一个晚上，张总都在和林楠交谈，这让公司里那些爱慕张总很久的女同事们全都打翻了醋坛子。

为何张总这么赏识林楠呢？原来，林楠毕业于中文系，在读大学期间读过很多书，这恰恰迎合了张总对于文学的热爱。据说，张总以前曾经是个地地道道的文学爱好者，还经常写些小诗篇什么的。当听到林楠引经据典，并且对于那些经典的文学作品都表现出独特见解时，张总无疑像是找到了知音一样。对比那些完全与时代接轨，身上没有丝毫书香气的女孩们，张总看到林楠简直觉得耳目一新。就这样，林楠凭着这次与张总的相谈甚欢，深深地扎根在张总心里，得到了张总的赏识。又因为林楠在文字表达方面也独具天赋，颇有文采，张总居然把林楠升职为他的秘书兼助理。可想而知，林楠的职业前途必然一片光明。

　　爱读书的女孩身上总是散发出独特的书香气息，在赏识她的人眼中，这就是她最与众不同的气质，也是她最值得珍惜的地方。事例中的林楠不但以后的职业生涯一帆风顺，也许最终还会成为张总的亲密挚友，甚至是心意相通的爱人，这都是完全有可能的。正如古人所说，人生得一知己足矣，每个人都想要寻找到人生漫长旅程中那个与自己心意相通的人，这样人生路上也就不再寂寞。

　　爱读书的女孩在这个时代也许会略显寂寞，然而就像爱情的缘分一样，她也终究会找到那个真正欣赏和赏识她的人。也许时光的流逝会改变我们的容颜，让我们曾经的青春靓丽变成沧桑和衰老，但是爱读书的气质却会在岁月之中渐渐沉淀，成为我们知性美好的象征。这种优雅的风味历久弥新，也让我们的人生始终散发出古朴厚重的风格。所以女孩们，如果你不曾读书，或者读书甚少，那么就从现在开始努力读书吧！任何时候，捧着一本书潜心阅读的你，都是最美丽的！

## 用好琳琅满目的工具书，给你助力

　　中国有着上下五千年的悠久历史和文化，因此知识的文化底蕴非常深厚。随着时代的发展，现代社会每个人都很注重积累自身的知识和文化修养、经验等。时代处于日新月异的发展之中，每个人都只有做到与时俱进，才有可能跟上历史前进的脚步。当然，和以往人们接受教育仅仅依靠学校和老师不同，新时代要求每个人都要养成自主学习、终生学习的好习惯。因而，现代的大学生即便离开了学校，也依然要进行不间断的学习，这样才能满足工作中的需求，也为自己的人生发展奠定良好的基础。退一万步说，即使一个人高中毕业之后没有机会读大学，也可以凭借自主学习努力提升自己的知识素养。尤其是进入工作岗位之后，很多需要用的知识在大学里未必曾经学过，在这种情况下，要想让学习变得更加轻松，我们就更应该学会使用各种各样的工具书。

和大学校园里系统的知识学习不一样，走入工作岗位之后的学习往往更需要具有针对性。因此，为了起到事半功倍的效果，我们完全可以有目的地翻阅工具书，从而给自己的学习、工作助力。可以说，工具书是人类智慧的集中体现，每一本工具书都是相关领域的人经过不断的总结和整理，才最终结出的劳动和智慧的结晶。

现代社会的工具书非常多，几乎各个学科和领域都有很多工具书。诸如文字方面的《现代汉语词典》《新华字典》《成语词典》等，都是非常经典的工具书。在学习的过程中，假如女孩们能够很好地运用这些工具书，就能起到事半功倍的效果。简而言之，用好工具书就像坐上了火箭，很有可能让自己的水平得到巨大的提高，又像是一个出门旅行的人原本靠着步行，如今却搭乘了火车、高铁或飞机一样，转瞬之间进步神速。一部合格的工具书不但是相关知识的荟萃，更教会我们如何更好地运用这些知识为生活和工作服务。此外，数学、英语、物理、化学等方面，也有类似的工具书。

现代社会主张活到老，学到老。对于孩子们而言，最忌讳的就是没有养成学习的好习惯，宁愿相信自己模棱两可的记忆，也不愿意多花点工夫查阅工具书，由此导致学习似懂非懂，甚至一窍不通。尤其是在学习的道路上，掌握了正确使用工具书为学习服务的办法，无异于多了一个老师，而且是随时随地能够帮助我们答疑解惑的老师。如此，我们在学习上的进步自然会更加神速，对于步入工作岗位之后解答遇到的疑难和困惑也大有裨益。从某个角度来说，因为工具书是面向大众的，所以它的查阅操作并不难。培养女孩使用工具书，最重要的在于帮助她们养成查阅工具书、请教无声老师的好习惯。在教养女孩的过程中，父母应该引导孩子们学会查阅工具书，并且养成遇到难题就查阅工具书的好习惯。尤其需要告诉孩子们，千万不要因为怕耽误时间或者费事，就根据自己模棱两可的记忆作出判断。任何情况下，知识都要讲求正确、精确，千万不要张冠李戴，也不要被自己自以为是的好记性所蒙蔽。

正在读小学六年级的星星，语文水平特别高，而且作文水平也很不俗。每次作文课，她的作文总是被老师拿来当作范文朗读；每次语文考试，她的成绩也在班级里名列前茅。有一次班会，语文老师特意邀请星星妈妈上台分享教育心得，星星妈妈说的话让所有父母都很吃惊。原本大家都以为星星学习这么好，一定与父母平日里勤于下苦功和孩子一起努力分不开。但是星星妈妈却向大家展示了星星日常学习中的校外老师——《现代汉语词典》《现代成语大辞典》。看到这两本内容丰富翔实且具有权威性的词典，老师也不由得恍然大悟，说："难怪星星的成语运用得那么好，看来都是这个无声老师的功劳。"星星妈妈笑着点点头："其实我和星星爸爸都很懒惰，不愿意在自己辛苦读书这么多年之后，再陪着孩子又读一遍书。为此，我们很早就给星星准备了这两本词典，作为她语文学习的老师。每当遇到不会的字词或者是成语，她总是第一时间就翻阅词典。有的时候她想偷懒，我和她爸爸也就推说不知道，逼着她依靠自己查字典解决问题。就这样，星星渐渐养成了查字典、词典的好习惯，在语文学习上也越来越轻松了。"

　　和很多父母恨不得一切都为子女代劳不同，星星的懒爸懒妈反而养育出了星星这个勤劳的好孩子。正是因为没有其他途径能够得到答案，所以星星不得不自己动手翻阅工具书。这个好习惯的养成不但帮助了星星的语文学习，对于星星其他学科的学习也是很有好处的。

　　知识的海洋浩如烟海，任何时候，我们每个人的记忆都是有限的，也不可能记住所有的知识。因而我们必须学会使用工具书，从而让工具书成为我们随时随地都能请教的老师。这样一来，我们的学习和工作自然能够事半功倍，产生巨大的进步。女孩们，假如你还没有养成使用工具书的习惯，那么就从现在开始，让工具书始终伴随我们的生活、学习和工作吧！当你把书当成自己最亲密的好朋友后，你的进步一定会更大！

# 写得一手好字，彰显蕙质兰心

人们常说，见字如见人。也有很多人根据对字迹的观察，进而初步形成对他人的第一印象。西汉时期，大名鼎鼎的文学家杨雄曾说过，书，心画也。从这句话不难看出，杨雄也同样认为一个人的书写表现了他的内心，是人内心世界的真实描绘。的确，很多时候人们借助于绘画来表达自己的内心世界，抒发情绪情感。同样的道理，尽管书写更多的是线条，同样也能表现出人们的心境。所谓字如其人，指的是人与字之间的关系密切，水乳交融，从某种意义上来说也是和谐统一的。

练习书法不但能够帮助孩子们写得一手好字，而且会对孩子的个性发展产生深远的影响。在练习书法的过程中，孩子们必须非常安静，而且要保持情绪的淡定平和。当然，在练习那些癫狂的草书时，也需要极具激情。总而言之，不管是哪种情绪，都能有效提高孩子对情绪的控制，也有助于使他们的思维变得更加开阔。对于女孩而言，更应该努力写一手好字，才能彰显蕙质兰心，也才能提升自己的内在涵养，从而散发出更加独特的气质。

天天从小就是个很急躁的孩子，不但性格倔强，而且因为娇生惯养，极具攻击性。在刚刚进入幼儿园时，天天就因为总是抢其他小朋友的东西，主动打其他小朋友，数次被叫家长。后来进入小学，老师也发现天天的注意力不能维持很长的时间，而且经常因为浮躁导致无法专心听讲。

后来，天天读四年级了，天天妈妈在其他妈妈的介绍下，为天天报名参加了书法培训班。刚开始时，天天根本无法静心坐下来练字，随着上课时间的增长，她才渐渐感受到汉字的魅力，因而上课时更容易静下心来了。随着天天的字越写越好，妈妈发现她的性格也有些许的改变。以前的天天特别好动，根本不能安安静静地坐在那里，就像是个假小子，一刻也不停歇。现在的天天呢，有的时候安静下来，就像一个真正的淑女，而且她在做其他事情的时候专注力也更强了。看着如今写得一手好字而且气质娴静的天天，妈妈高兴极了。

天天是个性格活泼外向的假小子，而且在父母的娇宠下天不怕地不怕，就像一个长满刺的小刺猬。然而，在上幼儿园，接着上小学之后，天天必须得适应集体生活，这也给她的人生带来了挑战。幸好妈妈给天天报名参加了书法培训班，随着学习的不断推进，天天渐渐形成了温柔沉静的气质，整个人也都发生了明显的改变。

写得一手好字的女孩，不但蕙质兰心，而且气质很好，文化素养也比较好。要想成为一个让别人"未见其人，先见其字"的女孩，女孩们，从现在开始就努力练字吧！当你沉下心来进入具有中国特色的方块字的结构中时，会发现一切就像排兵布阵那么有趣，让人沉迷其中无法自拔。

## 没有国界的音乐，让你瞬间高雅

在各个国家之间，语言并不是通用的，因而我们说语言是有国界的。和语言相比，音乐是没有国界的。任何时候，美妙的音乐都能够直达人们的心灵，让人们或者跟着音乐翩翩起舞，心花怒放；或者因为音乐哀伤的曲调悲从中来，无端落泪，这都是被音乐感动心灵的典型表现。大名鼎鼎的指挥家小泽征尔曾经说过，音乐是没有国界的语言。

尽管每个国家和民族的音乐都带着其自身专属的特征，但是音乐归根结底是能够跨越很多形式的。诸如我国陕北的农民喜欢唱"信天游"，作为原生态民歌，信天游完全是土生土长在陕北的音乐形式，但是这并不妨碍其他地方的人喜欢和欣赏信天游，甚至有很多国外友人也完全被信天游吸引。

爱因斯坦是大名鼎鼎的科学家，一生之中为科学事业的发展作出了重要的贡献。他还是一个发明家，也为人类创造了很多具有价值的发明。然而，很多人只知道爱因斯坦在科学领域的成就，却没有注意到，爱因斯坦其实还是一个小提琴家。而且，爱因斯坦演奏小提琴的水平还很高，丝毫不逊色于一些专业的小提琴家。

为何爱因斯坦总是能够创想出千奇百怪的发明呢？归根结底，是因为他从小就受到了艺术的熏陶。很小的时候，爱因斯坦就对乐器表现出浓厚的兴趣，这主要归功于他母亲的启蒙。在爱因斯坦六岁时，母亲就开始亲自教他拉小提琴，从此之后，小提琴成为爱因斯坦生命中最亲密的陪伴，也是他一生之中最爱的乐器。当然，对于任何孩子而言，练习乐器的过程都是枯燥乏味的，爱因斯坦从六岁到十三岁，都在艰难地坚持练琴。直到十三岁之后，他才开始真正能够体会音乐的神奇和美妙，也因而能够和很多乐曲产生共鸣。从此之后，他开启了自己作为科学家和艺术家的伟大人生之旅。

对于沉迷于科学世界的爱因斯坦而言，小提琴就像是他的一个伙伴，陪伴他度过很多艰难劳累的时刻。他不管去哪里都会随身携带小提琴，当创新能力不足时，他也会向音乐寻求帮助，让音乐助力自己打开思路。可以说，音乐给了爱因斯坦很大的灵感，也辅助了爱因斯坦的成功之路。

演奏任何乐器，都会提高人们的想象力和理解力，而且需要细腻的表达能力。很多人都说爱因斯坦之所以能够在科学的道路上取得伟大的成就，与他精通小提琴的演奏是有关系的，这句话很有道理。现代社会，有很多专家都更加注重右脑开发，并且认为演奏乐器能够开发右脑的潜能。被称为"音乐脑"的右脑，更能够激发孩子们的创造力、想象力和灵感，因而现代的很多教育专家都提倡开发右脑，从而使左右脑得到平衡发展。

爸爸妈妈们，要想让你们的小公主变得更加聪慧活泼，也表现得更加突出，不如从现在开始就督促女儿至少选择一样乐器学习，从而打通其人生与音乐的互通之路。最重要的是，在长期的音乐熏陶中，女孩们的气质也会变得越来越高雅脱俗。

## 舞动的精灵，给人留下深刻印象

每一个女孩都像是降落凡间的小精灵，她们看起来那么可爱美丽，因而每一个父母都希望自己的小公主拥有苗条优美的体型，也拥有与众不同的独特气质。为此，现在大多数父母都会选择让女孩学习舞蹈，这并非是奢望女孩长大之后一定能够成为舞蹈家，而是希望她们通过练习舞蹈，拥有挺拔的姿态，拥有优雅的举止，也能够通过接受艺术美的熏陶，让自己变得更加清新脱俗。

舞蹈是千变万化的，随着音乐的不同，舞者也会改变自己的身姿和动作，从而更加深入感受音乐和舞蹈之间的微妙关系。合着节拍跳舞，还能够帮助孩子们更好地感受音乐的节律，培养他们对于音乐的敏感性。此外，在学习舞蹈的过程中，孩子们的观察能力、感知能力、注意力，都会得到极大的增强。总而言之，舞蹈艺术对能力的熏陶和培养，对于女孩而言非常合适。需要注意的是，舞蹈对于孩子天生的资质是有要求的，例如身体的柔韧程度等。因此，如果父母要求女孩必须成为专业的舞者或者舞蹈家，就要考察女孩是否具备相应的身体素质。当然，作为普通的兴趣爱好，舞蹈是适合大多数女孩练习的。

豆豆上幼儿园了，她很喜欢舞蹈，因而妈妈给她报名参加了舞蹈培训班。除了在幼儿园里的音乐课上跟着老师练习舞蹈，豆豆最喜欢上的课外班就是舞蹈培训班。每到周末，豆豆总是催着妈妈带她去上课。

随着课程的逐渐深入，老师对妈妈说："豆豆身体柔韧，很有舞蹈天赋，不要放弃，坚持练下去，也许会有收获。"妈妈笑着说："放心吧，我们一定会坚持的。就算不能成为舞蹈家，至少也可以让她身形挺拔，气质独特啊！"就这样，豆豆一直坚持练习舞蹈，在舞蹈上也有了很大的收获。读小学四年级时，有一次有个剧组来到学校挑选群众演员，豆豆也参加了选拔。当看到豆豆随着音乐声翩翩起舞时，负责挑选演员的导演不由得眼前一亮，觉得豆豆不但形象气质佳，而且在跳舞的时候面部表情丰富，极富表演力。

就这样，豆豆被剧组选中了，成为了在学校里红极一时的小演员。从此之后，她更加热爱舞蹈，而且立志要成为舞蹈家并走上屏幕，让所有人都欣赏到她的优美舞姿。

因为跳舞，豆豆吸引了导演的注意，最终成功成为一名小演员，并且树立了自己的银屏梦想。毋庸置疑，豆豆具有舞蹈的天分，因而才能成为跳跃着的小精灵。如此得天独厚的条件，再加上她的刻苦努力，一定会让她在舞蹈的道路上越走越远。优美曼妙的舞姿，也将会给她的人生带来更多的机会与机遇。

需要注意的是，女孩们在最初开始学习舞蹈时，并没有甄别能力，往往是全盘接受老师的调教。因而父母作为女孩的监护人，完全有必要多多考察，给孩子选择一位好的舞蹈老师。不管孩子学习舞蹈纯粹出于兴趣，还是为了拥有一技之长，好的老师都能够保护她们对于舞蹈的热爱和热情，也能够更好地启蒙她们，充分发掘她们在舞蹈方面的潜力。此外，女孩们在学习了一定时间的舞蹈之后，必然会有强烈的表现欲，父母们也应该为她们创造表演的机会，并且要全力支持她们参加各种表演。这样的表演不但能够锻炼女孩们的心理素质，也能使她们更加自信。

# 发展语言天赋，女孩才能成为社交王

人是群居动物，每个人都生活在社会环境中，即便只是呱呱坠地的婴儿，也是需要与人交流的，更何况是孩子们呢！因而，在培养女孩的过程中，父母们除了要注重培养女孩们的综合素质和艺术素养之外，还要注重发展女孩的语言天赋，这样女孩才能与小朋友们更好地交流相处，长大之后说不定还会成为社交王呢！

对于孩子而言，语言表达能力显得尤为重要，因为孩子对于世界上的很多事物和现象都觉得新鲜，因而总是充满好奇。同样的，他们对于这个世界也有着自己独到的见解和感受。在这种情况下，语言发展比较好的孩子，就能够更早地掌握语言，也能够熟练运用语言表达自己的疑问和感受，由此与他人形成良好互动，在交流的过程中得到更多的信息。与此相反，假如孩子的语言能力欠缺，诸如有些孩子好几岁了还不能流畅表达，自然也就阻碍了他们与外界的交流，使得他们像茶壶里煮饺子，心里有话说不出来，以致影响各方面能力的发展。

心理学家经过研究证实，婴儿大脑迅速发展的时期，也就是人类语言发展的高峰期，在三岁之前。毋庸置疑，每个父母都希望孩子能够更早地与他人顺畅交流，准确表达自己的意思，也都会在每个发展阶段密切关注孩子们是否达到了同龄儿童的正常水平。殊不知，孩子语言能力的发展快慢，很大程度上也取决于父母。有些父母从来不管不问孩子，只是把孩子交给老人代为养育，而老人的养育观念难免陈旧，导致他们很少

来，依然听好几个同学说吃代餐的奶昔可以减肥，为此她又用爸爸妈妈给的零花钱买了几罐奶昔，趁着中午在学校午餐的机会，她偷偷地瞒着爸妈不吃饭，只喝一杯奶昔。如此一个多月过去，依然也只瘦了几斤。后来，依然只能采取运动加节食的方式减肥，有的时候一天也不正经吃顿饭。渐渐地，她患上了严重的厌食症，最终突然暴瘦，但是人也因为长期营养不良，变得萎靡不振，学习成绩也一落千丈。终于有一天，依然正在上课的时候突然晕倒，被老师同学们送进了医院。

很多青春期的女孩都不停地嚷嚷着要减肥，哪怕她们并不肥，更不需要减肥。事例中的依然就是很好的反面教材，为了减肥，她使用各种方法，最终不但学习成绩一落千丈，整个人的身体也彻底垮了。

女孩们，青春期正处于身体快速发育的时期，因而身体也需要很多的营养成分作为支撑，尤其需要摄入适量的脂肪，以备身体的不时之需。倘若长期处于节食状态，不但会使内分泌失调，还会使人的生物钟彻底被打乱，使原本秩序井然的身体变得颠三倒四，根本无法继续维持正常运转。当然，当肥胖严重影响我们的身体，也妨害到我们的身体健康，那么减肥就不止是一个口号，更应该落实到实处成为恢复健康的必经途径之一。但是假如我们原本就不胖，却为了盲目追随潮流而刻意减肥，则为此失去身体健康就是得不偿失，也会给我们的生活、学习和工作带来极其严重的负面影响。所以对于青春期女孩而言，必须慎重对待减肥，更不要盲目减肥。

# 如何处理人生中的第一封情书

正如歌德所说，哪个少男不善多情，哪个少女不善怀春。对正处于青春期的少男少女而言，他们不但生理上发生了诸多改变，心理上也面临着翻天覆地的变化。从进入青春期开始，男孩和女孩对于异性更加敏感，彻底脱离了两小无猜的时代，进入情窦初开的年纪。在这种情况下，少男少女们在相处过程中难免暗生情愫，更有甚者，还有男孩斗胆给心仪的姑娘写情书，并且鸿雁传书。那么，对于这人生中的第一封情书，女孩到底应该如何对待呢？

其实，很多人人生中的第一封情书都不是正规意义上的情书，因为它或者可能只是一张写着几个字的小纸条，也或者只是一张小小的画着图片的卡片，只有极少的可能是一封沉甸甸、长篇大论的情书。少男少女们朝夕相处，尤其是同学之间，因为每天在一起学习生活，所以很容易产生朦胧的情感，所谓情窦初开大抵如此。因为这种微妙的情感，或者是一时冲动，有的男孩子就占据主动，开始针对特定对象写情书。"胆小害羞"的女孩收到第一封情书或者根本不敢声张，会把情书偷偷地扔到垃圾桶里；义正辞严、正人君子式的女生也许会义愤填膺地把这封情书交给老师；还有胆大一些的女生，假如她恰巧也对情书的缔造者有好感，那么甚至会马上提笔回一封情书。当然，对于以上这三种经典的做法，结果也是完全不同的。又因为老师在其中也扮演着一个不确定的角色，所以结果就更加变幻莫测，让人难以预测。

　　实际上，女孩在接到人生中的第一封情书时完全没有必要惊慌失措，更不要感到害怕。毕竟被人喜欢是一件美好的事情，至少证明了我们还是有魅力的。其次，为了避免节外生枝，最好不要把这封情书给任何人看，包括你的闺蜜、姐妹、父母和老师，以及其他同学。每个人都有喜欢一个人的权利，情书的缔造者喜欢你也是理所当然的。对于这份默默的喜欢，我们应该表示尊重，保护对方的隐私，维护对方的自尊。当然，我们不管对对方是否有好感，都是可以回信的。需要注意的是，年少的时候我们以为自己很懂得爱情，实际上只是爱情的门外汉。因而我们最好不要对对方的感情表示任何回应，哪怕我们真的喜欢对方，也应该把这份爱放在心底。回信的时候，为了让对方断绝念想，我们必须义正辞严，态度坚决。在作出这样明智的举动之后，如果对方继续死缠烂打，那么再酌情采取其他的拒绝方式也是可以的。总而言之，我们要尊重对方的喜欢，更要将其作为一份珍贵的礼物珍藏起来。既不要轻视蔑视对方，也不要因为对方的表示就与对方一拍即合。归根结底，对于青春期的女孩而言，最重要的任务就是完成学业。爱情就像一朵带刺的玫瑰，必须等到它绽放的时候我们再去采摘，否则只会徒然被扎伤，却无法欣赏玫瑰的美丽。

　　一直以来，马蒂都因为自己对人生中第一封情书鲁莽的处理方式感到懊悔。原来，马蒂在读初二的时候收到了班里一位男生的小纸条，上面写着："你的头发真美。"当时，马蒂还情窦未开，因而第一时间就把这封所谓的"情书"送给了老师。老师马上重视起来，不但在全班范围内开始排查，而且把这封情书当着全班同学的面至少读了三遍。

写情书的男孩满脸通红，心惊胆战，最终主动认错。毫无疑问，他得到了所有同学的嘲笑。最终，这个羞涩的小男孩不得不转学，才结束了情书风波。转眼之间，马蒂已经三十多岁了，也拥有了自己的家庭，也更能够心平气和地看待很多人和事。为此，她不停地在心里暗暗地向那个男生道歉，也对自己的冲动做法懊悔不已。当时她要是能够对这封情书置之不理，或者看到情书之后义正辞严地拒绝，也许这个男孩就不会转学，也许他的整个人生都会因此而不同。

很多时候，彻底改变我们命运的并非是那些惊天动地的大事，而很有可能是一些微不足道、不值一提的小事。谁不曾青春年少，情窦初开呢？既然我们也曾经青涩朦胧，我们就该给予少男少女们更多的空间，让他们自由自在地成长。

作为父母、老师，甚至是同学、朋友，即使知道了少男少女的小秘密，我们也完全无须大惊小怪。对于正常的有心理需求的少男少女来说，向异性表达爱慕之意完全符合人的自然本性，因而女孩们在收到情书的时候也就无须视其为洪水猛兽！

## 面对性侵犯，聪明女孩自我保护有妙招

近年来，女童或者少女受到性侵犯的新闻时有发生，让人在扼腕叹息之余，不禁陷入深深的反思之中：为什么那些实施性侵犯的人轻而易举就能得手？是因为他们太狡诈，还是因为

女孩缺乏自我保护意识？亦或者是家长的监护不够，导致女孩们遭遇魔手的侵害？

曾经，北京某郊区的一个家长在社区论坛里公开发出帖子求助。原来，这对夫妻都是上班族，家里又没有老人看孩子，因而每天孩子幼儿园放学之后，他们都会晚接。日久天长，孩子的老师有意见了，毕竟让老师天天为了一个孩子延长一两个小时的下班时间，谁也不愿意。老师也是有血有肉有家庭的人，家里也有年幼的孩子需要照顾，因此，为了给老师减少麻烦，这对父母就把孩子托付给学校传达室一个五十多岁的看门人照顾。为了感谢看门人，他们每当逢年过节，都会买一些烟酒茶点给看门人，以示感谢。然而，有一天晚上，五岁多的女孩回家之后说下体疼痛，妈妈赶紧检查，这才发现女孩的下体红肿不堪。爸爸妈妈全都慌了神，马上带着孩子去医院检查，最终证实女孩被性侵了，而罪魁祸首就是那个被爸爸妈妈奉为"恩人"的看门人。爸爸当时就报了警，看门人也受到了法律的制裁。为了女儿的未来考虑，他们最终决定带着女儿到一个新的城市生活。追悔莫及的爸爸妈妈悔不当初，自己居然把女儿交到一个陌生老男人的手中。不得不说，他们对此也负有不可推卸的责任。事情已然发生，我们唯愿女孩的记忆里永远也不会有这不堪的一幕。愿时光流转，带走她记忆中的伤痛，只留给她美好和纯真的童年。

毫无疑问，上文中所说的性侵犯，主要责任在于父母监管不力。五岁的女孩还没有自我保护能力，按道理来说，除了可以和自己的父亲单独相处之外，父母不应该让她与任何异性单独接触。这样的事情一旦发生，悔之晚矣，只会给孩子的一生都带来阴影。对于处于弱势的女孩而言，假如这件事情处理不当导致人尽皆知，还很有可能使她终生背负沉重的心理负担，无法真正放开心怀去生活。

现代社会，随着生活节奏的加快，工作压力也越来越大，性骚扰在生活中也时有发生。不仅仅是幼小的女童，即便是大一些的女孩，或者是再大一些的少女和成年女性，也都时刻面临着被性骚扰的危机。既然我们不能改变客观世界，那么我们唯一能做的就是提升自己的防范意识，从而让自己远离性骚扰。

对于性骚扰的界定不够清晰，也是导致很多女性遭遇性骚扰之后不知所指的原因，甚至有些年轻的女孩在遭遇性骚扰之后，都不知道自己被骚扰了。这样的无知，让人扼腕叹息。其实，性骚扰并不难区分，尤其是父母，一定要教会女孩记住：我的身体是我的，任何人都不能触碰和侵犯。

从广义上来说，任何不被对方所接受的带有性意识的接近或者肢体接触，都叫性骚扰。从狭义上来说，只有肢体被他人不怀好意地接触，才叫性骚扰。作为女孩，为了独善其身，自尊自重，我们应该拒绝任何肢体上和精神上的不怀好意，才能最大限度地保护自己免遭伤害。举个最简单的例子，很多年轻女性因为工作忙碌，往往下班的时候已经很晚了，如果走在路上看到有男性露阴，尽管没有肢体接触，也是性骚扰。再比如，一个男孩追求女孩，并且想与女孩谈恋爱，即便明明知道女孩根本不接受他，他依然隔三差五地精神骚扰，这也属于广义的性骚扰。除此之外，还有一些语言上的猥亵伤害，都属于性骚扰的范畴。

如今，性骚扰已经不再是仅仅针对成年人，那些心理阴暗的人因为发现女孩的自我保护能力弱，防范意识也不够强，所以把魔爪伸向了女孩。殊不知，童年时期遭遇过性骚扰的女孩，长大之后依然会留有心理阴影，甚至还会发自内心地抵触他人，绝不再给他人任何信任。可想而知，她们的人生之路该是多么艰难。

在教育女孩时，爸爸妈妈一定要明确告诉女孩，一旦遇到不好的事情，或者被任何人接触身体，必须马上告诉爸爸妈妈，还可以向警察求教。有很多孩子因为胆小，遭到性侵者的恐吓之后，回家根本不敢诉说真相，这也是导致性骚扰者变本加厉的原因。当然，对于成年女性来说，遭遇性骚扰的原因则更加多种多样。诸如在拥挤的地铁或者公交车上，女性穿着过于暴露或者穿着太单薄的衣服，也会引起性骚扰者的蠢蠢欲动。总而言之，不管是女孩还是成年女性，尤其是对于缺乏自我保护意识和安全意识的女孩，父母必须在性骚扰方面给予其足够的教育，使其深刻意识到性骚扰的危害以及各种表现形式，从而令其更好地保护自己。

每一个女孩都是父母的心肝宝贝，每一个父母在陪伴女孩走过荆棘丛生的人生之路时，都要万分小心。

# 第06章

## 女孩人格健全，才能敢去爱敢追求

　　每个人，要想拥有从容淡定的人生，就必须拥有健全的人格。唯有人格健全，我们才能坦然面对人生路上的各种艰难困境，也才能在人生遭遇坎坷挫折的时候，以顽强的毅力渡过难关，帮助自己到达成功的彼岸。可以说，人格健全是所有人傲然于世的根本，也是坚固的基础。一个人如果缺乏健全的人格，不管能力多强、水平多高，都可能会缺少发挥的平台。

## 不缺少爱的女孩，才能从容应对人生

每一个完美女孩的幸福人生，都是用爱浇灌出来的。对于父母而言，爱子女是一种本能，是发自内心的渴望，更是无须任何驱动力就可以自主展开的行动。大文豪高尔基说，就连母鸡也知道如何爱孩子。由此可见，父母和孩子的心是紧密相连的，永远也无法分隔开。当然，爱孩子是一种能力，更是一种技巧，也是人生中必不可少的亲情交流。所谓爱，必然包含着关心、理解、宽容、设身处地为他人着想等一系列和爱相关的事情。因而，父母在爱孩子的时候，不要一味地溺爱。在诸多的爱里，唯有宠爱和溺爱会把孩子爱坏，导致事与愿违。与此相对的，也不要过分地舍不得付出爱，苛责孩子，否则缺少爱的孩子就会感到焦躁不安，甚至对人生失去渴望。

凡事皆有度，爱也是如此。尤其是父母对于孩子的爱，更应该把握好度，既不多一分，也不少一分，就这样恰到好处，才既能够用爱滋养孩子的心田，而又不至于使孩子因为过分的溺爱变得蛮横骄纵。从古至今，在每一个历史阶段，爱都是人与人之间最珍贵的情感。尤其是父母子女之爱，更因为多了血脉的传承，让人割舍不下。

众所周知，女孩在生理和心理上都和男孩有很大的不同。和渴望自由的男孩相比，女孩更希望得到父母的关注和重视，这会使她们发自内心感到满足。相反，假如女孩被散养，无处撒娇，则对于她们的人生而言是一个巨大的缺憾。有的时候，女孩在被父母批评的时候会伤心地哭泣，很多父母误以为女孩脸皮薄，爱面子，其实不然。大多数女孩在被批评的时候哭泣，是因为她们误以为父母不再爱她们了。女孩更注重爱的形式，唯有从父母那里得到足够多的爱，得到父母温柔体贴的对待，她们惶恐不安的心才会收获安全感。

从不缺少爱的女孩，有一个粉色的公主梦；没有得到足够爱的女孩，她们的人生黯淡无光，甚至完全变成了黑白胶片，安静无声，却有着刻骨的寂寞。

小时候，诺诺总是感到自卑。其实，诺诺的家境也并不差，她的妈妈是一名工人，她的爸爸是一名医生，诺诺吃得饱穿得暖，每到过年过节的时候，总是和其他小朋友一样能够得到玩具和新衣服。然而，诺诺就是很自卑，因为她从未得到足够的爱。

原来，诺诺的爸爸虽然是医生，却喜欢喝酒。每当工作闲暇之余，他就喝得酩酊大醉，时而骂诺诺妈妈，时而狠狠地训斥诺诺。又因为诺诺是女孩子，爸爸总是对此不满意，嫌弃妈妈没有给他生个大儿子。就这样，诺诺从小就过着胆战心惊、唯唯诺诺的生活。她见到爸爸就像是老鼠见了猫一样，恨不得找个地缝钻进去，再也不出来。转眼之间，诺诺大学毕业了，走上了工作岗位。尽管她非常优秀，但是她依然是胆小怯懦且不够自信的。这对于她的人生，起到了负面的影响。

在这个事例中，不能说诺诺的爸爸不爱他，只不过爸爸的爱没有满足诺诺的心理需求，导致她从小在缺少爱的环境中长大，长大之后自然也会感到自卑懦弱，对自己总是信心不足。心理学家经过追踪研究发现，很多成人的心理问题，症结其实都在童年时期。由此可见，给孩子一个无忧无虑、幸福快乐的童年是多么重要！

作为女孩的父母，我们更应该给予她足够的爱。这就像是鱼儿需要充足的水才能自由畅快地游来游去一样，女孩也需要足够的爱，才能顺畅地呼吸。爱之于女孩就像是空气，没有爱，女孩的生活就会变得苍白、奄奄一息。爱对于女孩建立自信有着至关重要的作用，从现在开始，就让爱成为女孩最纯净的空气吧！

## 遇事不钻牛角尖，懂得变通

人生不如意之事十之八九，成人世界有成人的烦恼，孩子的世界也有孩子的烦恼。尤其是女孩，因为心思细腻，因而也就会感受到生活中更多的烦恼。实际上，烦恼并非是生活中的外来物种，而是和幸福快乐一样理所当然地出现在生活中。因而只要我们能够坦然面对这些烦恼，兵来将挡，水来土掩，既不杞人忧天，也不顽固不化，生活最终还是会柳暗花明的。

一个真正明智的人，不但有把简单问题复杂化的能力，也能够把复杂的问题简单化。所谓心若简单，世界也变得简单。尤其是在如今纷繁复杂的世界中，我们更要学会顺势而为，随遇而安，不要总是钻入死胡同，不愿意放自己出来。

很久以前，有个老太太每天都愁眉不展的，对每一个遇到的人诉苦。有一天，恰逢阴雨连绵，老太太又坐在家门前皱着眉头。邻居见状问："阿姨，您为什么不开心呢？"老太太说："我二女儿是制造雨伞的，每到下雨天气，她的生意就特别火爆。"邻居更疑惑了："这么说来，您应该高兴才对啊！"不想，老太太马上调转话头，说："但是我大女儿是做染布生意的。每到阴雨连绵的日子，她就一点产量也没有了，因为没有太阳根本无法晒布。"乍听起来，老太太的担忧的确有道理，但是邻居转念一想，想出了个好主意开导老太太："阿姨，如此说来您就更应该高兴了呀！您想想，每到晴天，您家大女儿染坊的生意好；每到阴雨天气，您家小女儿卖伞的生意好。不管是晴天还是阴天，您家里都财源广进，这还有什么可发愁的呢！您呀，就偷着乐吧！"

听了邻居的话，老太太似乎有些反应过来。是啊，一年四季不管刮风下雨还是太阳高照，自己的两个女儿总能挣到钱，自己还有什么可发愁的呢！想到这里，老太太马上破涕为笑，高高兴兴地撑起伞，去二女儿家帮忙卖伞了。

任何事情都不可能绝对有益，或者绝对有害。我们必须学会以辩证唯物主义的眼光看待问题，这样才能综合事情各方面的利弊考虑和分析问题，也才能做到相对的公正客观。事例中的老太太原本愁眉苦脸，经过邻居一番用心的分析之后，才意识到自己原来这么幸运。因此，她马上眉开眼笑，再也不为那些无所谓的事情苦恼了。

女孩们，你们可曾因为某件不值一提的小事感到苦恼呢？

人生苦短，我们必须学会开导和劝慰自己，才能最大限度地发挥主观能动性去积极生活，而避免钻进牛角尖之后无法逃脱。现代社会处于日新月异的变化之中，万事万物都不可能保持一成不变，因而我们也必须与时俱进，才能顺势而为，赢得精彩的人生。

尤其是对于年纪还小的女孩而言，父母一定要对她们多加引导，帮助她们形成变通的思维方式。否则，僵化的、墨守成规的思维方式一旦形成，就很难再改变，也必然给她们的人生带来负面、消极的影响。

## 征服自己，女孩才能征服全世界

曾经有位名人说，每个人最大的敌人就是自己。这句话乍听起来不可思议，但是仔细想想其实很有道理。回顾那些生活中发生过的事情，我们会有一个惊讶的发现，即那些半途而废或者压根就没展开行动的事情，最根本的原因是我们无法过自己这一关，也可以说我们被自己心中的囚牢禁锢住了。

很久以前，有位著名的社会心理学家进行了一项实验。在实验里，他安排十几个素昧平生的人围坐在圆桌旁，并且向他们提出了几道思考题。在接下来的自由讨论时间中，社会心理学家通过观察发现，其中有个伟大的人物诞生了，他几乎就是其他人推举出来的首领一样，其他人全都对他言听计从，而且非常注意采纳他的意见、看法和观点。这到底是一种什么样的力量呢？既没有人真正推举首领，也没有人从最初就甘愿接受他人的领导，然而，领袖人物还是很快就出现了。再细心观察那些成功人士，他们不管是在政治领域还是经济领域，亦或者是社会生活领域获得了成功，都是成功人士，也都具有成功人士的特质：号召力、感染力、凝聚力。只要有他们在场的地方，他们总是自然而然地成为现场的主宰，也因此对于现场有着强大的控制力。即便他们衣着朴素，沉默寡言，他们的气场依然特别强大。当一个人拥有这种力量，他就拥有了成功的理由，也就有了征服一切的可能性。

毋庸置疑，这是一种心灵的力量。因为唯有发自心灵的力量，才能让我们如此臣服。这也是一种征服自己的力量，任何伟大的成功人士都是首先征服了自己，才能够成功征服他人，并对他人形成巨大的吸引力。

和很多男性一样，女孩心中同样有着征服世界的梦想。不过，女孩自身也是有很多局限性的，因而更要根据自身的实际情况，选择成功的道路。但是无论从哪一条路获得成功，最重要的就是一定要征服自己，然后才能征服世界。

女孩心灵的力量是很强大的，唯有成为自己的主宰，才能主宰整个世界。关于心灵的神奇力量，曾经有位哲学家给予其至高无上的赞许。因而女孩们，从现在开始就更加深刻地认识自己吧。也许你们很熟悉镜子里自己的那张脸，但是实际上你们根本不知道自己的内心深处究竟是怎么想的。人生就像茫茫的大海，唯有认清航向才能一往无前。女孩们，心灵的指引，就是人生的方向，你可曾走进自己的内心深处？

# 勇于追求的女孩，才能勇攀高峰

人生之中，每个人都有自己的追求，女孩也是如此。这种追求，就像是我们漫漫人生路上的引航灯，指引着我们不断向前，朝着目标努力奋进。有人说，人生就像是攀登高峰，只有坚持不懈，才能到达顶峰享受一览众山小的畅快和美妙。的确如此，人生也和攀登高峰一样会遇到重重困难和阻碍，更会因为一些不可知的危险因素导致结果出现重大偏差。然而不管结果如何，只要勇敢攀登，我们就获得了攀登过程中的艰辛体验，也使人生有了丰硕的成果。

也许有些女孩会说自己对于现状很满意，唯愿岁月静好，日日如常。那么，我们忍不住要问：假如今天是你生命中最美好的一天，你可愿意剩下的人生中的每一天都如今天一样，完全相同？答案当然是否定的。就像是美味的食物如果每天吃，最终也会味同嚼蜡，美好的日子每天过，最终也会使人彻底失去新鲜感，甚至非常厌倦。由此可见，我们必须勇敢追求，才能让人生处于时刻的改变之中，也才能让人生一步一个台阶，不断向上。唯有这样充满激情和挑战的人生，才能得到我们长久的厚爱。

虽然人们常说知足常乐，但那只是相对而言，更是针对人生的欲望而言。在物质和金钱、权势的欲望面前，我们的确要降低欲望，这样才能避免遭受那些身外之物的胁迫。但是在人生的追求面前，我们必须相信追求是永无止境的，唯有不懈进取，才能让人生始终保持新鲜和活力。

还有些人觉得女孩的人生不需要奋斗，只要好好读书，找份稳定的工作，接下来等着找个好男人嫁了就行。这样消极的人生已经完全不符合现代职业女性的追求。随着妇女的解放，新时代的女性不但下得厨房，也能上得厅堂，在职场上更是与男性平起平坐，平分秋色，巾帼不让须眉。如此充实的生活，让女孩的人生变得璀璨，散发出耀眼的光芒。

读研究生期间，彤彤和男朋友林峰确定了关系，在研究生最后一年，他们同居了。林峰是彤彤的大学同学，大学毕业后就进入一家国企工作，凭着勤奋努力，等到彤彤研究生毕业，他俨然已经事业稳定，春风得意了。

因为不小心怀孕了，正在找工作的彤彤在林峰的劝说下，放弃了很好的工作机会，下定决心把孩子生出来。从此之后，她成为了一名家庭主妇。不但父母不理解彤彤，很多同学朋友也都觉得彤彤为了家庭牺牲太大，她至少可以等到事业稳定再要孩子啊！想到自己白白读了研究生，却一无所用，彤彤也难免郁闷起来。然而，真正让她郁闷的日子还在后面呢！孩子三岁的时候，林峰成为了公司的中层管理者，对于这样年轻有为的男性，自然有很多女孩子都主动靠上去。又因为彤彤从研究生毕业就一心一意照顾家庭和孩子，难免和社会脱节，整个人也显得面色憔悴，所以林峰理所当然地出轨了。这给了彤彤一记狠狠的耳光，她曾经以为自己为这个家付出这么多，一定能够得到林峰的珍惜，却没想到孩子才三岁，林峰就成了当代陈世美。

彤彤痛定思痛，又进行了深刻的自我反思，最终意识到问题也许并不全部都在林峰身上。毕竟，林峰是个青年才俊，喜欢年轻漂亮的女孩子是正常的，而自己这些年来处于发展停滞的状态，因而被抛弃也就在所难免。这时，彤彤后悔当初没有听从爸爸的话，先发展事业，再顾全家庭。现在的她不得不付出更多的努力，才能重新吸引林峰，让林峰回归家庭。

因为停下了追求的脚步，曾经在林峰眼中那个积极上进的彤彤不见了，只剩下一个黄脸婆的形象。对于年轻有为的林峰而言，他又怎能禁得住年轻漂亮女孩的诱惑呢？幸好彤彤发现林峰出轨还不算晚，也找到了问题的症结所在。只要她能够再次回归社会，也成为积极上进的职业女性，那么她一定能够重新散发出独特的魅力，吸引林峰回到她的身边来。

一个自尊自爱的女孩，必须要有自己的经济基础，实现经济和人格的独立。所谓经济基础决定上层建筑，这个规律不但适用于社会，也同样适用于家庭。当然，我们并不是说女孩一定要挣很多很多钱，而是告诉大家，即使是女孩，在面对生活时也应该保持自己的独立性。正如舒婷的《致橡树》中所说的那样，成为一棵高大的木棉，与所爱的人在风中比肩而立，心灵相通。

人生永无止境，即便是一个知足常乐的女孩，也要在人生的道路上勇攀高峰，才能始终保持生命力和活力，也才能赋予生命永远的不竭动力！

## 专注的女孩最美丽

所谓注意力，就是人们把所有精神和心智都集中于某人或者某事的能力，当这种集中达到一定程度，就被称为专注。专注力对于人生的影响非常大，举个最简单的例子，一个学生要想专心致志地学习，就必须抛开私心杂念，而且不能受到任何外界事物的影响。否则，就是三心二意。专注力能够使我们做事情时效率倍增。我们小时候就学习过课文《小猫钓鱼》，猫妈妈之所以能够钓到那么多鱼，就是因为它非常专注；小猫呢，一会儿跑去采摘野花，一会儿跑去抓蝴蝶，导致它一条鱼都没有钓上来，徒劳无获。

在漫长的人生旅途中，女孩和男孩一样，也要认真学习，努力奋进。这就要求女孩也必须具备专注力，如此才能专心致志做好自己的事情，尽量减少人生的遗憾。很多女孩小小年纪就浓妆艳抹，穿着奇装异服以吸引他人的眼球，然而实际上，专注的女孩才是最美丽的。专注于学习、专注于读书、专注于构思、专注于研究，生活中值得我们专注的事情实在太多太多。只有当专注成为一种习惯，女孩才能在专注之中爆发出强大的能量，也由此彻底改变人生。

对于父母来说，当面对低龄的女孩时，也应该有意识地培养她们的专注力。诸如当女孩在玩玩具时，如果她完全沉浸其中，父母就不要因为要喊她吃饭而打断她。饭晚吃一会儿无伤大雅，专注力却会影响孩子的一生。很多父母只知抱怨孩子不够专注，做任何事情都三心二意，却没有反思自己是否在孩子非常专注时，成为了一个极其不和谐的音符。通常情况下，专注力会随着年龄的增长而逐渐增强，而父母对于孩子专注力的保护，也会对促进专注力的发展起到积极的良好作用。

一直以来，月月都表现得像一个多动症。她不管做什么事情，都不会安安静静地坐着，更不会全神贯注地投入，总是做一下就跑开，似乎这个世界上根本没有任何事情能够完全吸引她的注意力。幼儿园老师发现月月的反常之后，第一时间联系了月月妈妈，建议她带着月月去专业机构咨询一下，看看如何缓解月月好动的症状，也帮助月月恢复专注力。

妈妈带着月月来咨询专家，专家观察了月月的表现之后，问："你们是不是经常打断她做事情？"妈妈不知所以地摇摇头，说："没有吧。"专家无可奈何地笑着说："孩子出现这样的情况，每个父母都不承认自己有责任。好吧，也许你们不是故意的，而是根本没有意识到自己的行为对孩子产生了负面影响。我再问你，孩子喜欢看动画片吗？"妈妈点点头，专家又问："那么在她全神贯注地看动画片的时候，如果你的饭菜做好了，你是喊她吃饭，还是等她自己看完再吃饭？"妈妈不知道专家到底想说什么，因而犹豫地说："怕饭菜凉了，我一般都会喊她吃。"专家说："你这就是打断她做事情啊！诸如此类的情况，一定还有很多吧，比如强制终止她玩玩具等。"妈妈点点头，说："这个就算是打断她做事情了吗？"专家语气很重地说："当然，小孩子又不会工作，看动画片，玩游戏，冥思苦想一件事情，发呆，对他们来说都是头等大事。你这样经常打断她，她还怎么会有专注力呢！因为她根本得不到机会练习啊！长此以往，还会影响她的学习、工作等。"

听到专家说的后果这么严重，妈妈后悔不已。从这以后，她非常注意保持月月的专注力，宁愿等到饭菜凉了再热一热，也不会再轻易打断月月的"大事"了。

其实，月月妈妈的行为在很多妈妈身上都有，只不过因为孩子们的个体差异，再加上每个妈妈的做法也存在差异，所以每个孩子缺乏专注力的表现并不完全相同。无论如何，从现在开始，爸爸妈妈们再也不要随随便便就打断孩子们做事情了。唯有给予孩子保持专注力的机会，并积极主动地引导他们保持专注力，他们才会形成专注力。

女孩在社会生活中往往扮演着温柔贤淑的角色，也因为在现代社会中各种压力都成倍增长，所以女孩们一旦长大成人走上社会，需要做的事情并不比男孩少，有的时候她们甚至比男孩更加出色。在这种情况下，不管是为了女孩的学习，还是为了女孩的事业，爸爸妈妈们都一定要有意识地培养女孩的专注力。专注的女孩最美丽，你想成为美丽的女孩吗？

## 有的时候，女孩也需要冒险奋进

一直以来，人们都存在一种偏见，觉得冒险是身强力壮、思维敏捷的男孩的专属权利。殊不知，现代社会男女平等，很多时候，女孩也需要冒险奋进，才能抓住人生中转瞬即逝的机会，帮助自己获得更好的发展。归根结底，时代在进步，女性已经完全翻身得解放，现代社会的女孩们不但能持家，也能工作，更能成为女超人，时不时地做出点儿惊天动地的大事情来。

早在一亿年前，体型硕大的恐龙是地球上的主宰，在地球上横行霸道，行驶着主人翁的权利。然而，现在的地球上除了还能找到恐龙的化石之外，根本没有存活着的恐龙。科学家由此推断，一定是发生了重大的变故，导致恐龙灭绝。从另一个角度来说，恐龙没有适应这种变故，因而走向了消亡。生物进化论告诉我们，物竞天择，适者生存。这句话的意思是说，大自然会主动进行选择，只有能够适应大自然的物种才能存活下来。通俗地说，既然人类在自然面前是渺小的，而且对于大自然的很多方面都无法改变，那么我们除了改变自己以适应环境之外，还能有什么好的方法呢？

现实就是这么残酷，生活中偏偏有些人就像是冥顽不化的恐龙一样，自以为很强大，因而故步自封，最终导致被时代的洪流远远甩下，再也没有进步的机会。尽管很多人依然受到传统思想的影响，认为女孩的生活就是应该安逸享受，以稳定为主，但是这一切都不能改变时代的选择，女孩为了适应这个瞬息万变的社会，也必然要冒险奋进。否则一步跟不上，则步步落后，到时候可就悔之晚矣。

大学毕业后，子乔在父母的安排下进入家乡的一所学校当了老师，成了不折不扣的孩子王。其实子乔原本是准备一毕业就去大城市打拼的，但是无奈父母强烈要求她一个女孩子不要四处奔波，以免他们担心，所以子乔选择了妥协。

当老师的日子虽然可以和孩子们作伴，但是每当听到远在异地他乡的大学同学说起新鲜的事儿，子乔还是觉得心里痒痒的。在毕业后三年的时间里，子乔始终没有找男朋友，因为她根本不甘心这么过一辈子。有一年春节，子乔和久未见面的大学同学聚会，听着同学们精彩纷呈的生活描述，她简直觉得自己白白活过了三年，生活就像是一片空白，了无痕迹。恰巧有个同学说他们公司正在招聘，子乔马上抓住机会，问："我可以吗？"同学斩钉截铁地说："当然没问题啊！你当初可是我们班里的大才女，再加上我的极力举荐，肯定没问题。"就这样，子乔怦然心动。她回家之后和父母打了个招呼，父母看到她心意已决，就建议她先停薪留职，给自己留条后路。不想，子乔却毅然决然地辞职了，过完年之后就跟着同学一起去了遥远的深圳，她的本意就是破釜沉舟。

独在异乡为异客，尽管有同学相伴，子乔还是有些想家。然而她很清楚这就像是精神断奶，没有这样痛苦的磨砺，自己就永远也长大不了。毫无疑问，子乔吃了很多苦头。没有父母在身边陪伴的日子，一路走来她跌跌撞撞，又因为工作上的巨大压力，使她片刻不能喘息。然而又是三年过去，子乔凭着努力已经成为公司的中层管理者，在深圳有房有车，把根深深地扎在了深圳。当她把父母接到深圳享福时，父母对于子乔的成就显得万分惊讶，母亲更是掩饰不住地说："我和你爸做梦也没有想到你有今天啊！当初，我们都觉得你能在小县城安安稳稳教书就是最大的福气了。"

看似柔弱的子乔心中始终有着不灭的梦想，因而她才能够抓住机会，去了同学所在的公司开始打拼。而且她并没有给自己留下所谓的后路，而是直接辞掉工作，破釜沉舟，一往无前。也许正是因为子乔拥有这样的冒险精神，也有决绝的勇气，所以才能战胜重重困难，最终在繁华的深圳站住脚，稳定下来，给自己赢得了一席之地。

在机遇面前，男孩和女孩是完全平等的。作为女孩的父母，我们要督促女孩抓住人生中每一个千载难逢的好机会，等到女孩长大有了自己的主见之后，我们也不能拖女孩的后腿，而是应该给女孩助力，这样才能让她更加义无反顾、勇往直前地奔向成功的目的地。

## 成为情绪的主人，是成长的标志之一

一个人要想获得成功，首先要成为自己的主宰。否则，如果一个人不能成为自己的主宰，又如何去主宰他人和世界呢？而主宰自己的标志之一，就是成为自己情绪的主人，能够在发怒时控制住自己的情绪，避免它们像脱缰的野马一样横冲直撞，最终害人害己。

我们很少看到一个无法控制自己情绪的人获得成功，也不会看到情绪始终处于冰火两重天之中的人能做成惊天动地的大事。心理学家经过研究证实，人在愤怒的情况下，智商会急剧降低，由此可见，一个经常生气的人是没有高智商成就自己的。此外，人们也总是对情绪不稳定的人避之不及，因为情绪不稳定的人就像一颗不定时炸弹，随时有可能爆炸，作为无辜者，没有人愿意被误伤。惹不起躲得起，这是人们经常采用的与垃圾人相处的策略。很遗憾，情绪容易暴怒的人也属于垃圾人中的诸多类型之一。尽管这个称呼有些难听，却一针见血地说出了情绪暴怒对于人的生活和工作产生的严重负面影响。

很多父母都误以为孩子不应该有情绪，事实恰恰相反，孩子从很小的时候就产生了各种各样的情绪。只是因为粗心，有些父母对于孩子的情绪视而不见。合格的父母一定会及时体察孩子的情绪状况，从而及时对孩子的情绪进行疏导，避免孩子因为情绪过于激动或者愤怒，做出更加极端的事情。

对于家中的掌上明珠，父母一定要帮助她们学会合理控制情绪。一个优雅的女孩，一个真正的淑女，是不会当众乱发脾气的，更不会让自己被情绪奴役，成为歇斯底里的小泼妇。因而优雅女孩必不可少的标志之一，就是情绪平和稳定，心境宁静淡然。这一点，需要父母在女孩很小的时候就付出努力，并且要持之以恒。

在青春期到来的时候，女孩的烦恼也随之增多。她们不但面临着生理的骤然改变，心理上也因此产生巨大的变化。因而很多女孩在青春期都一改积极乐观的状态，变得郁郁寡欢。曾经，有位读大学的女孩在日记里写道：我的心情阴得像雷雨前的天气，能拧得出水来。这形象的描述，让我们知道女孩的心情是多么压抑，也是多么悲哀。在这种情况下，这个女孩其实完全可以大哭一场。很多人都觉得哭是很丢脸的，其实这是对哭的误解。和笑一样，哭也是人们对情绪的发泄，尤其是对于多愁善感的女孩而言，只有适时地哭上一场，心里才会觉得痛快很多。

人生从来都不会是一帆风顺的，小女孩有小女孩的烦恼，少女有少女的烦恼，成年女性也有成年女性的烦恼。面对生活中这些接踵而至的烦恼，女孩难免会有控制不住情绪的情况发生。这时，最好的办法就是马上离开让自己生气的人，或者放下让自己生气的事情，装作什么事情也没发生一样，这就是所谓的冷处理。正如老司机都深知的一个交通原则"宁停三分，不抢一秒"，女孩生气时也可以遵循这个原则。当你真正在几分钟之后再去思考如何面对让你愤怒的事情，你会发现你的怒气没有那么大了。如果你能多停留一段时间，或者等到次日再解决让自己愤怒和冲动的事情，你会发现自己的怒气已经完全消失，而且你也能够做到心平气和地面对那件"原本不值一提，但是不知为何就让你大发雷霆"的事情。这样一来，还有什么事情是解决不了的呢！

总而言之，女孩一定不能养成乱发脾气的坏习惯。很多时候，女孩发完脾气后也许很快就能恢复情绪的平静，但是被她的暴躁脾气误伤的人，心中却始终留有一个伤痕，久久无法释然。如果因为这样突如其来、不期而至的坏脾气影响生活和工作，那可真正是得不偿失的呀！

# 第07章

## 不断完善自我，女孩才能独立于世

　　任何人要想趋于成功，并让人生接近于完美，都必须首先调整好自己的心态。现代社会，唯有拥有健全的人格，健康的心态，才能在人生路上坦然行走，游刃有余。也许有人会问，生活中有很多不如意，如何才能做到心态健康呢？尤其是自信，在遭受很多打击的情况下则更加不可能实现。其实，要想做到这一点很简单，只要进行积极的自我暗示，就能够让我们的心改变，让我们的整个人生也随之改变。所谓心态决定命运，正是因为心理暗示能够决定人的品性和行为。

# 言而有信，女孩才能独立于世

作为人性中最宝贵的品质，也是每个人立足于世的根基，诚信无疑是每个人都应该具备也应该追求的。对于任何人而言，诚信都能抵万金。尤其是正处于生理和心理发育阶段的孩子，父母更应该注重培养他们诚信的品质，这样才能让孩子形成正直诚信的性格，未来才能够拥有光明磊落的人生。

尽管一直以来人们都觉得言而有信是君子所为，但现代社会男女平等，所以，即便是女孩，也应该拥有诚信的品质，这样才能立足于世，赢得他人的认可和赞许。

作为一个诚实且信守承诺的孩子，宋庆龄从小就表现出与其他孩子不同的特质。有一天休息日，爸爸准备带着全家人去佰佰家做客。小小年纪的宋庆龄站起来又坐下，显得有些心神不宁，最终，她在犹豫纠结很久之后还是坐在钢琴前，开始弹奏钢琴曲。

眼看着就要出发了，妈妈喊道："孩子们，准备出发了！"看到宋庆龄依然为难地坐在钢琴前，爸爸不由得问："孩子，你有什么事情吗？"宋庆龄显得有些着急，纠结地说："恐怕，我今天不能和你们一起去做客了。"妈妈疑惑地问："为什么，你不是很早就盼着去伯伯家了吗？"宋庆龄又说："是的，但是我不知道今天要去伯伯家，所以邀请了小珍来家里玩，并且我还答应了要教会她折叠纸花。"爸爸不以为然地说："这没什么重要的。你可以转告小珍你去做客了，等到下次再教会她折叠纸花。"宋庆龄着急地大声说道："不行，小珍来了会找不到人的。"

妈妈想了想，提议道："这样吧，你可以等到做客回来之后专程去小珍家里，一则向她解释并且道歉，二则再约定明天请她来家里学折叠纸花。"宋庆龄坚定不移地摇摇头，说："妈妈，这可不行。做人必须言而有信，您也经常教导我们必须信守诺言。现在我已经答应了小珍，就不能轻易改变，使她失望而归。"听到宋庆龄的话，妈妈欣慰地笑了："真好，我的小庆龄长大了，是个诚实守信的好孩子了。"说完，妈妈又对爸爸说："就让她留下吧，信守诺言比做客更重要。"

在这个事例中，小小年纪的宋庆龄就表现出诚信的优秀品质。所谓人无信则不立，尽管她对去伯伯家做客期盼已久，但是为了信守诺言，她放弃了这次做客的机会。由此可见，诺言在小庆龄心中有千金重，这也成了她日后的立世之本。

每个父母都希望自己的孩子诚实守信，因此，父母们也应该像宋庆龄的爸爸妈妈一样，支持孩子信守诺言。要知道，三岁看老，小孩子很多看似漫不经心的言行，往往为他们的人生奠定了基础。因而即便孩子还小，父母也要引导他们信守诺言。尤其是女孩，为了给将来的人生铺平道路，更应该信守诺言，以诚信立足于世，如此才能得到他人的认可和赞赏。

# 在梦想的指引下，女孩才能不断进取

如果船只在大海上航行，没有引航灯，那么就会迷失方向，最终消失在茫茫大海上。同样的，人生也像是茫茫大海，假如人生没有梦想，则也会像船只没有引航灯，后果必然不堪设想。因而，我们每个人都要有梦想，再用梦想指引着自己不断向前。

曾经，有心理学家进行了一项实验，以验证设立目标对于人生起到怎样重要的指引作用。他先是让跳高选手们在没有放置横杆的情况下跳高，后来又让选手们在放置横杆的情况下跳高，最终证实选手们在有横杆的情况下成绩普遍比没有横杆的好。其实，横杆对于选手们而言也相当于一种目标。因而心理学家证实，目标能够激励人们最大限度地发挥自身的能力，从而不断突破和超越自我。

除此之外，还有心理学家通过实验证实，和短期内容易实现的小目标相比，长期目标激励的作用大大降低。这是因为长期目标战线拉得太长，短期目标则能够让人们在短时间内看到效果，因而作用更加显著。认识到这一点之后，我们不但要为自己制定长期目标，更要把这些长期目标分解成短期的小目标，如此一来才能不断进步，勇往直前。

也许是因为受几千年来重男轻女思想的影响，很多人都对女孩抱有偏见，觉得女孩不管多么有出息，最终的归宿都是找个好男人嫁掉。其实，现代社会男女已经完全平等，很多时候，女性还要承担比男性更重的责任和义务。在这种情况下，女孩同样需要有梦想，而且要树立坚定不移的信念去实现梦想，才能最终获得成功的人生。

提起曾子墨的名字，很多喜欢看凤凰卫视财经节目的人，都如雷贯耳。尽管曾子墨看起来很娇小，但是她的内心无比强大。曾经，她在全世界最著名的金融聚集地华尔街工作，并且以叱咤风云的能力在不到四年的时间里，为老东家摩根士丹利投资银行主持工作，经手了将近7000亿美元的企业收购和兼并项目。这对于很多混迹于金融业的男性而言，都是可望不可及的卓越成就。

早在1992年冬天，曾子墨还是中国人民大学国际金融系的新生。因为成绩优异，她得到了达特茅斯学院的全额奖学金，因而带着家人的无限希望来到美国达特茅斯学院经济系就读。正是在这里，她度过了人生中第一个没有亲人陪伴在身边的生日。也许是因为孤独寂寞，也许是因为学业艰辛，曾子墨陷入了沉思和迷惘中，她不知道自己为何背井离乡来到异国他乡生活，更不知道未来的人生该如何度过。然而，她归根结底是有主见的。她以顽强的毅力坚持刻苦学习，最终以优异的成绩毕业，并且顺利进入举世闻名的摩根士丹利投资银行担任分析师。面对如此辉煌的成就，在得到凤凰卫视的邀请之后，她果断放弃高薪和体面的职业，转行做自己喜欢的媒体。

只用了几个小时的时间，曾子墨就决定从摩根士丹利辞职，成为真正的媒体人。在三个月的时间里，曾子墨顺利从职业分析师转行为财经主播。如今，她主播的节目已经深入人心，得到了广大观众的喜爱。

从金融专家到媒体人，曾子墨的跨度显然有点儿大。尤其是面对那么体面和高薪的工作，曾子墨能够为了自己的梦想毅然辞职，不得不说她是一个有主见也很清楚自己的梦想是什么的女孩。

在人生漫长的过程中，我们每个人都有可能遇到这样突如其来的转机。当我们现在所从事的工作并非自己的所爱时，我们当然可以学习曾子墨，毅然辞掉工作，踏上追逐梦想的征程。但假如我们对现在从事的工作也并不讨厌，却总觉得它与自己的梦想相距遥远，这时就要权衡利弊，把自己的经历经验和梦想完美巧妙地结合起来，从而赢得皆大欢喜的结局。

总而言之，作为新时代的女孩，我们必须有自己的梦想。唯有用梦想照进现实，我们才能不断坚持进取，最终收获成功的人生。

## 正确评价自己，女孩的人生之路更顺遂

一个人如果不能正确评价自己，或者妄自尊大，或者妄自菲薄，就会使自己陷入被动之中，导致人生之路充满艰难坎坷。任何自我的发展，都要建立在正确评价自己的基础之上，这也是让人生之路更加顺遂的必备条件之一。

通常情况下，自卑的人很难正确评价自己。他们总是不停地否定自己，觉得自己不管在哪个方面都很失败，也无法获得进步。长此以往，他们就会陷入恶性循环之中，不停地自我否

定，并导致自己更加糟糕。实际上，假如你能够从自卑之中跳脱出来，你就会发现其实你很好。这就是自信的神奇魔力！一个自信的人，才能做到正确地自我认知，才能客观公正地进行自我认定。

人的感知不仅仅针对外在世界，对于一个善于自我反思的人而言，更是经常进行自我认识和反省。所谓自我认识，就是了解自己的内在心理和外在言行，从而得到自己的各种体验和回馈，最终根据事情实际发展的情况进行合理的取舍。倘若对自己作出一定的判断，则由自我认知发展成为自我认定，也给予了自己更加清晰准确的自我判断。

所谓不识庐山真面目，只缘身在此山中。很多时候，我们看似了解自己，也能够客观评价自己，事实上却很难从自身的局限中跳脱出来，以致对于自己的认知和认定都带着过于强烈的主观意识。尤其是对于青少年而言，他们因为缺乏足够的独立应对生活的经验，因而导致他们在自我认识和自我认定方面都有很大的偏差。那些自以为了解自己的人，实际上都是不了解自己的。相反，只有那些经常反思自身，主动加强对自身了解的人，才是真正熟悉和了解自己的人。

举个最简单的例子，有很多女孩都觉得自己特别胖，甚至为此产生自卑心理，这就是她们对于自身生理的自我认定。实际上，她们如果真的很胖也还算名副其实，偏偏有些女孩只是比较匀称健硕而已，和胖丝毫扯不上关系，却因为错误的自我认定导致她们始终生活在困惑和自卑之中，这实在是得不偿失。再如，有的男孩觉得自己个子矮，因此便自觉低人三分，不管走到哪里都抬不起头来。其实矮有什么罪过呢？虽然这个男孩对于自己的生理认定是正确的，但是他的心理上却产生了偏差。试想，那些大名鼎鼎的男明星中不也有很多人身材矮小吗？但是他们因为有着正确的自我认定，而且满怀信心，所以依然能够做到昂首挺胸阔步向前，丝毫不会因此而胆怯自卑。

在青少年的团体中，自我认知出现偏差，自我认定完全错误的人并不在少数。在这种情况下，我们一定要更加自信，从而客观公正地评价和判断自己。

一直以来，艾玛都觉得自己是个很黑的女孩。所谓一白遮三丑，艾玛对此深信不疑。因此也认定自己这么黑，即便长得再漂亮，也会被黑皮肤拖累得根本显不出来。为此，艾玛很沮丧。整个初中时期，她始终把自己当假小子和男生混在一起玩乐，根本不敢站在女生的队伍里。她总是说："我这只黑天鹅如果走入白天鹅的队伍，那还怎么活啊！"就这样，艾玛升入了高中。

随着年岁的增长，艾玛再也压抑不住自己那颗蠢蠢欲动的爱美之心了。但是她这么黑，到底应该穿些什么颜色的衣服才能把自己衬托得白一些呢？尽管艾玛想方设法让自己变白，还是效果甚微。有一天，艾玛无意间看到小品演员黑妹的表演，恰恰黑妹当时穿着一身桃红色的衣服，尽管黑妹皮肤黝黑，但鲜亮的衣服把她整个人都衬托得光彩动人。由此，艾玛终于找到了信心：原来黑皮肤的人穿鲜艳的衣服也这么漂亮啊！

从此之后，艾玛再也不束手束脚，她常常安慰自己：不是还有很多白人故意把自己的皮肤晒成橄榄色吗？我这是天生的，不用晒就是时髦的橄榄色。艾玛从暗淡的艾玛，变成了五颜六色的艾玛，她经常满怀自信地穿着各种颜色的衣服展示自己的青春靓丽，最终居然成了校园里出了名的"小黑妹"。

在自我认知方面，艾玛出现了偏差。尽管自古以来人们就以白为美，但是这并不意味着皮肤黑的人就不美丽。正是从黑妹身上得到了自信之后，艾玛才能够坦然面对自己的肤色，也从自卑变成了自信。

一个能够正确认定自我的女孩，既不会妄自菲薄，也不会妄自尊大。她们的内心世界无比强大，因而也不会因为自己的客观条件盲目自卑，或者骄傲。她们始终不卑不亢，努力主宰自己的命运，无论怎样都尊重自己也尊重他人，这才是潇洒的人生。

## 摆脱妒忌心的困厄，女孩的人生阳光明媚

当我们与他人处于相同的竞争领域中时，本能会让我们想要赢，或者获胜，从而验证自己的实力，得到他人的羡慕。与此相应的，对于那些表现得比我们更加优秀，且也拥有更大成就的人，我们则会难以控制地产生妒忌心理，这其实也是人们正常的心理表现。

尽管妒忌心是人的正常心态，然而一旦发展过度，就会导致人们在强烈妒忌的驱使下做出失去理智的事情来，甚至有些人还会因为妒忌伤害他人的人身安全，导致触犯法律。不得不说，我们每个人都要控制好自己的妒忌心。适度的妒忌心能够

使我们在竞争中更加竭力表现，从而脱颖而出；过度的妒忌心则会使人生变得黯然失色。即便妒忌者最终没有因为失去理智做出丧心病狂的事情，他们的内心也会因为强烈的妒忌不断地遭受折磨和困厄。

生活中，人们把妒忌称为"红眼病"，形象地说明了妒忌不但给人的心理带来影响，也会导致人们的言行举止出现一定的改变。当然，妒忌心并非只是成人才有的，很多孩子也会有妒忌心。因而要想解决妒忌心的困扰，我们必须在孩子很小的时候就教会他们调整心态，坦然面对那些比自己优秀的人，也要教会他们正确对待自己，不要妄自菲薄。尤其是女孩往往心思细腻，更容易注意到他人比自己优秀的地方，或者敏感地意识到自己的不足和缺点，因而父母更要引导女孩，教育她们千万不要因为小心眼就妒忌他人，更不要因为他人的优秀，就心生愤恨。

1991年11月1日，美国爱荷华大学物理系的三楼，发生了一件让整个世界都为之震惊的悲惨事件。当天下午，几个教授带着各自的研究生正在一间教室里讨论有关天体物理的内容，这其中也包括中国留学生卢刚。不想，讨论进行到大概3点30分时，卢刚突然从口袋里掏出事先准备好的手枪，毫不迟疑地对准他的导师葛尔兹开了一枪，葛尔兹教授应声倒在血泊里。随后卢刚又对准身边的史密斯教授，继续镇定自若地开了一枪，史密斯教授也倒在血泊中。此时，在场的同学才反应过来，一个个惊慌失措，惊声尖叫。这时，卢刚又把枪口对准了和他一样参加讨论的同学——山林华。惨剧又一次在同学们反应不及的情况下发生。这时，卢刚急急忙忙离开教室，径直跑到不远处的系主任办公室，正在办公室里办公的系主任也没能逃脱厄运，倒在血泊之中。

卢刚令人发指的罪行还没有结束，他争分夺秒地跑进校长办公室，又朝着副校长开了一枪。直到此时，卢刚也没有表现出任何慌张，显然他对这一切都是有预谋的。只见他从容地把枪口对准自己，毫不迟疑地扣动了扳机。转眼之间，卢刚离开了这个世界。到底是怎样的深仇大恨，让他对老师、同学和学校领导大开杀戒呢？

事后，警务人员经过调查发现，卢刚之所以犯下让人发指的罪行，居然是因为他觉得葛尔兹教授故意刁难他，不让他的毕业论文答辩顺利过关，导致他辛苦攻读多年，却与博士学位失之交臂。之所以杀害同学山林华，则是因为他妒忌山林华不但得到了教授的偏爱，还比他更早一年毕业，这让原本自视甚高的他无法忍受。而且，卢刚一直以来都渴望得到优秀论文名誉奖，如今他也没能如愿以偿，反倒是山林华轻而易举地得到了这个奖项，这使卢刚的心中更加失衡，也使他妒火中烧，彻底失去了理智。卢刚不但剥夺了他人的生命，也由此结束了自己年轻的生命，这个惨剧让人们感到彻骨的悲伤。接受了这么多年的教育，也许卢刚的确成材了，但是他的心理却很不健康。从此，不知道要有多少个家庭因为他的一时冲动，陷入人生的阴霾之中，远离幸福和欢笑。

引发妒忌的原因是多种多样的，所以说妒忌是一种非常复杂的情感，其中蕴含着各种各样的情绪。在养育女孩的过程中，父母应该有意识地引导女孩的心理朝着健康阳光的一面发展，千万不要让女孩陷入妒忌之中，使整个人生都变得晦暗。需要注意的是，妒忌情绪的发生很复杂，因而父母必须做到真正彻底地疏导，否则一味地压制女孩的妒忌情绪，非但不能完全解决问题，反而会使女孩的妒忌情绪在心中不断累积，最终爆发并引起恶劣的后果。爸爸妈妈们，让我们用爱心、耐心、理智和善良，化解女孩心目中妒忌的毒火，使女孩的人生阳光灿烂吧！

## 自卑，会捆绑女孩自由飞翔的翅膀

自古以来，女性在社会上的地位就很低。尤其是在封建社会，君为臣纲，父为子纲，夫为妻纲，更是把女性牢牢禁锢于男性的威严之下。女性在婚前必须绝对服从父亲，在婚后又必须绝对服从丈夫，完全没有任何自由的空间。随着社会的发展，女性也走出了家庭，获得了和男性平等的地位，在社会生活中与男性平分秋色。因而，如今女性承担着越来越多的角色，除了妻子和母亲之外，她甚至还是在职场上比男性表现得更优秀的女强人，亦或者是和男性一样成功的伟大人物。因此，父母的教育也应该顺应时代潮流，尤其是在对女孩的教育中，要把女孩提升到更高的地位，让女孩长大成人之后也能够符合社会要求，从而收获充实而又丰盈的人生。

在现实生活中，女孩自卑的比例很高，不得不说这与几千年来男尊女卑的思想有一定关系。也因为女孩比较敏感脆弱，所以她们对于家庭内部关系的洞察也更加敏锐深刻。事实证明，能够得到父亲足够关注和爱的女孩，往往更加自信。相反，如果父亲对于女孩的关注比较少，或者给女孩的爱相对贫瘠，女孩就会自卑。曾经有心理学家经过研究证实，大概有65%的女孩都有自卑心理。轻微的自卑也许不会对女孩的生活造成影响，但是严重自卑则会让女孩感到非常压抑，也因为缺乏信心导致生活、学习，以及长大之后的工作，都受到严重影响。

一直以来，父亲都重男轻女，这使得小霞非常自卑。小霞是家里的老大，她曾经无数次听到妈妈说当初生她的时候遭到父亲的鄙视和虐待，唯一的原因就是生出来的不是男孩。为此，小霞从懂事起就对父亲感到非常畏惧，她最害怕看到父亲严厉的眼神，似乎父亲仅仅凭借这个厌恶的眼神就能把她从这个世界上彻底驱逐出境。直到小弟弟的降生，父亲的脸上似乎才多了一些欢笑，少了一些烦恼。

然而，渐渐长大成人的小霞却始终没有摆脱自卑的纠缠。虽然她最终从名牌大学毕业，也有一份很好的工作，但是她始终缺乏自信。因为自卑，她在工作上也很被动，从来不敢大胆表达自己，更不敢尽情展示自己的实力。她觉得自己比不上任何同事，这也极大地禁锢了她的发展。

人在长大成人之后所表现出来的样子，多多少少都有童年时期的影子存在。甚至有心理学家说，童年时期不断积累的自卑情绪，会导致孩子们长大成人之后依然陷入自卑之中无法自拔。也许，童年生活恰恰是每个人成年生活的脚本。需要注意的是，还有些自卑的女孩会显出极度的狂妄自大，这恰恰也是她们自卑的表现之一。因而父母在养育孩子的过程中，一定要给予孩子足够的爱，还要注意及时观察孩子们的心理状态，从而帮助孩子们健康成长，快乐享受人生。

当然，要想帮助女孩彻底消除自卑的负面影响，我们首先应该寻找导致女孩自卑的原因。所谓解铃还须系铃人，要帮助女孩从自卑中脱身，我们就必须彻底消除诱因。除了因为与他人比较导致的自愧不如的心理，还有些女孩的自卑产生于总是超高的标准。诸如父母为她们设定的目标或者她们自己设定的目标过高，从而使她们在一次又一次的努力之后，始终无法实现目标。长期得不到成功和自信激励的女孩，必然陷入自卑之中。可以说，这是不当的教养方式导致的自卑，父母们必须及时改进，才能亡羊补牢。

很多自卑的女孩都特别在乎外界的评价，尤其是他人的说三道四，也许说者本无心，却总是会给女孩带来负面的心理影响。这主要是因为自卑女孩的自我肯定比较薄弱，甚至就根本没有自信。在这种情况下，父母必须坚持帮助女孩加强自我肯定，直到女孩完全恢复自信，才能帮助女孩消除自卑心态，也使女孩在人生的诸多不如意中渐渐变得坚强。

既然前文说了父亲的爱和关注能够帮助女孩获得自信，那么父亲更应该给予女孩足够的关注和深爱。要知道这可是关系到女孩一生幸福的事，唯有解开束缚女孩翅膀的自卑，女孩才能在未来的人生中展翅翱翔。

## 成功的人生，不需要盲目攀比

每逢冬季，看着漫天飞舞的雪花，你可曾知道每一片雪花都是完全不同的？第一次得知此事的人一定会非常惊讶，难道这小小的雪花，这不可计数的雪花，也像人一样有着绝对的独特性吗？事实就是如此，每一片雪花都是独一无二的。正如这个世界上绝没有两个完全相同的人一样，这个世界上也绝没有两片完全相同的雪花。既然如此，每一朵雪花只要负责展现最美丽的自己就好，根本无须在乎其他雪花的模样。

在人类漫长的历史长河中，我们每个人也都是完全独特的存在。知道这一点后，我们完全有理由不与他人进行攀比，毕竟他人跟我们完全不同，彼此之间毫无可比性。然而，生活中还是有很多人情不自禁地要把自己与他人进行比较。似乎唯有在比较之中，他们才能获得存在感，才能找回久违的自信。如果一个人的自信需要从他人身上得到，这该是多么悲哀的事情啊！

其实，很多人的攀比并非为了获得成就感，有的时候也是为了自我安慰。例如，在看到关于他人的悲惨遭遇时，我们会告诉自己："真好，至少我还很健康地活着。""没关系，年轻就是资本，我比他还年轻呢！""我原本以为自己命运悲惨，没想到他更艰难。"如此一番自我安慰下来，我们原本觉得无法继续下去的生活，突然间就有了延续的理由。其实，这和掩耳盗铃、自欺欺人又有何区别呢！

我们的成功不需要用别人的失败来对此，我们的艰难也不需要用他人的更艰难来衬托。作为一个真正的强者，我们在生活中唯一的参照物应该是自己。当人生的每一天都比昨天更进一步，当人生的每一天都比昨天更美好，对于任何人而言，就已经足够了。否则，倘若我们一味地攀比他人，仰视他人，则原本让我们感到满意的生活也会马上变得千疮百孔，似乎从根本上失去了继续的理由。这样的沮丧和绝望，也是让人感到悲哀的。

对于每个人而言，人生真正的目的就是活出最精彩的自己。至于别人怎么样，根本无关紧要，也与我们的人生毫无关系。尤其是那些与我们不相干的人，我们更不应该把自己的成功局限在他们身上，由此导致自己的人生黯然失色。心理学家经过研究证实，唯有正确地进行自我认知，我们才能找寻到自己在这个世界上无可取代的位置。所以女孩们，从现在开始就努力认知自己吧。记住，你的人生不可复制，也绝无替代。

也许有人会说，我们不是在攀比，而是在学习成功者的经验。殊不知，每个人的人生都是截然不同的，这也就注定了每个人的成功都不可复制，这还没有包括外界环境的复杂多变呢！纵观古今中外，你可曾看到有人是因为模仿或者复制他人的成功才最终成功的？可以说，这样的人绝无仅有。每一位成功者都有着自己独特的人生经历，他们也正因为坚持走自己的道路，才能最终成为不可复制的成功者。

现实生活中，很多女孩都心思细腻，也非常脆弱敏感。因而在看到其他人过得比她好，或者取得的成就比她大时，她难免会感到妒忌，也因此产生攀比的心理。尤其是在物欲横流的现代社会，金钱权势已经成为人们生命中不可承受之重，女孩们一定要控制自己的欲望，成为人生的主宰，更不要因为盲目攀比扰乱自己的心绪，使自己无法安享人生的幸福和美。

造物主在造人的时候，把每个人都造得完全不同，即便是双胞胎之间，也会有细致入微的差别。有很多女孩都抱怨自己没有得天独厚的美丽，殊不知，这个世界上的大多数人都是普通人。林肯曾说："上帝一定偏爱普通人，所以造出了很多普通人。"其实，在这普通的外表之下，每个人都是不普通的。因而我们与其抱怨自己的普通，不如深入挖掘自己的不普通。很多女孩自以为平庸，只不过是因为没有发现自己与众不同的潜质罢了。记住，女孩们，任何时候都不要以他人来衡量自己，因为你既不是他人，也不可能成为他人。最重要的原因是，你怎么就知道他人不是也在羡慕你并且以你为他的标准呢？

人生中真正的强者，绝不会盲目攀比他人，更不会因他人限制自己的人生。女孩们，从现在开始就把目光更多地投向自己吧，随着你对自身了解的深入，相信你一定会有惊喜的发现。

## 孝顺的女孩，会得到命运的善待

中华民族有着上下五千年的悠久历史，自古以来，就有"百善孝为先"的古训。由此可见，一个人不管品德多么高尚，成就多么伟大，如果不孝顺，所有的功劳和成就都会被抹煞。因为对于一个连自己的父母都不孝顺的人，我们实在想不出他会好到哪里去。尤其是在封建社会，孝道更是作为百善之首，列于生活中的第一位。

现代社会，尽管时代在发展，在不停地进步，但是孝顺父母依然是每个人都应该做到的。遗憾的是，自从推行独生子女政策以来，每家每户的孩子都很少，有的一个，至多两个，因此导致父母和长辈对孩子非常溺爱，以致孩子沉浸在父母的照顾和关爱之中，渐渐失去孝顺父母的意识。尤其是近些年来，孩子不孝顺父母的事情时有发生，实在让人心寒。

很多父母都没有意识到溺爱孩子的危害，即便被提醒这样会导致孩子不孝顺，父母也总是以"不指望着孩子孝顺"为借口，继续对孩子无休止地溺爱下去。殊不知，对于整个社会而言，孩子是否孝顺不仅仅关系到一个家庭，更关系到社会的整体和谐与稳定。而且，从孩子自身来说，虽然不孝顺父母是他的私事，但是也会对他个人的品行产生不良影响，最终导致他的人生都受到影响。由此可见，孝顺父母、尊老爱幼不仅是中华民族的传统美德，也是我们作为现代社会的一员，每个人都要身体力行、积极去做的事情。

当一个孩子在孝道方面有了良好的发展，他也就能够得到全面发展。尤其是孝心会对孩子产生一定的约束力，使他们更加尊老爱幼，也对整个社会的和谐产生积极的推动作用。古人云，父母在，不远游。虽然现代社会交通便利，孩子可以远游，但是孝顺的孩子在做很多事情的时候依然会第一时间考虑到父母，从而克制自己，不做出冲动之事。人很多方面的发展都是相同的，有孝心的孩子更能够老吾老以及人之老，从而把自己的爱心奉献给遇到的每一个老人，也使尊老成为整个社会的良好风气。

　　现代社会，尽管女孩也走上工作岗位，在职场上和男性平分秋色，但是从根本上来说，女性对于家庭的付出会更多，因而女孩更应该拥有孝心。从家庭的角度而言，女孩有孝心会更加善待公婆，使家庭稳定，气氛和谐。从社会的角度而言，女孩还会把自己的孝心在教育过程中传递给孩子，从而使得孝心世世代代延续下去。所以父母们，要想让女孩孝顺，一定要从小就给女孩灌输孝顺的思想，更要反思自身的言行举止，为女孩起到表率作用。

　　小敏是个孝顺的女孩子。如今，正在读大四的她也和很多同学一样，不停地四处面试、找工作。今天，小敏准备去一家公司面试，但是因为是妈妈的生日，所以她中午特意赶回家陪伴妈妈一起吃饭。

　　原本公司定的是下午两点开始面试，因而小敏的时间还算充沛。不过，在十二点钟的时候，小敏突然接到公司电话通知，说面试时间改成一点。如此一来，小敏只好赶紧给妈妈过完生日，然后就马不停蹄地往公司赶去。等到她气喘吁吁赶到公司时，已经一点一刻了。在小敏之前，已经有人进入办公室面试，小敏只好坐在门口等待着。随后的时间里，依然有人气喘吁吁地赶来，小敏看到他们狼狈不堪的样子，突然间很同情他们，也很同情自己。

　　看到有人出来了，小敏赶紧观察他们的面部表情，发现他们的表情有点奇怪。小敏不由得纳闷：不知道面试题目是什么啊！希望不要太难吧！大概又等了十几分钟，终于轮到小敏了。主考官问："请问，在接到通知要提前面试的时候，你正在做什么？"小敏有点儿蒙，难道这是面试的题目吗？然而看着主考官一本正经的样子，她只好如实回答："今天是我妈妈的生日，所以我中午回到家里给妈妈过生日了。因为没有想到面试会提前，因而赶过来的时候时间有些仓促。不过，我想即使我知道一点钟会面试，我也还是会回家给妈妈过生日，不过时间上会更提前一些，这样不至于这么仓促。"听完小敏的回答，面试官满意地笑了笑。三天之后，小敏接到公司通知，让她在去公司报道上班。原来，这家公司的老总是个非常孝顺的人，尽管他突然提前面试时间是想考察面试者的应变能力和对时间的调整能力，但是当听到小敏这个独特的回答之后，他还是不由得怦然心动。

孝顺的女孩运气总不会太差。就像小敏一样，虽然为了给妈妈过生日导致面试迟到了，但是她尽到了自己的一份孝心，因而心中很坦然。在生活中，我们要把孝心排在第一位，才能更好地做人做事，也才能真正得到他人的认可和赞赏，从而给自己的人生带来更多的好运。

每一个人，对于辛辛苦苦养育自己长大的父母，一定要给予足够的爱。当然，孝心也不仅仅是针对父母，更多的时候，对于爷爷奶奶、外公外婆等长辈，或者是生活中和工作中遇到、结识的长辈，我们也应该给予足够的尊重和爱，让他们感受到人到晚年的幸福。所谓老吾老以及人之老，幼吾幼以及人之幼。很多时候，女孩只要孝顺，对于身边的老人都会给予尊重和热心的照顾，这样必然能够结下善缘，也会给自己的人生铺平道路，使自己得到命运的善待。

# 第08章

## 学会为人处世，巧妙处理社交难题

　　每个人从呱呱坠地开始，就注定成为社会的一员。即便是小小婴儿，也是群居的人，也有与人沟通的渴望。因而我们说人的社会性是与生俱来的，根本无须拘泥于从什么时间开始。最重要的是，我们必须促进自身社会性的发展，也要在为人父母之后多多督促孩子发展社会属性，学会为人处世，这样才能在社会交往中如鱼得水，游刃有余。

# 与人交往是一门艺术，要用心钻研

社会交往对于人生的发展究竟有何重要作用，这一点，曾经有心理学家进行过专门研究。心理学家找到一群智商处于高水平的科学家作为研究对象，并且为了对照不同的效果，将其分为两组。其中一组科学家很善于交际，不但有着高超的科学技术水平，能够在科学的道路上钻研探索，而且在人际圈子里也很吃得开，能够与人和谐友好地相处。最终的结果证实，这一组科学家大多获得了成功，人生也取得了辉煌的成就。相比之下，另一组科学家尽管在科学研究的专业能力和水平上与第一组科学家并无显著差异，但是他们的人生却始终毫无起色，成绩平平。这是为什么呢？原来，第二组科学家很不善于交际，因而只能凭借自己的力量在科学研究的道路上艰难前行，根本得不到他人无私的援助。由此不难看出，是否擅长社会交往，对于能力相当、环境相似的人而言，也依然会导致相差甚远的结果。

社会交往是一门艺术，尤其是在现代社会，人际关系被提升到越来越高的地位，因而每个人都应该学会适应环境，发展人际关系，如此才能在现代社会更好地生存和发展。尤其对于处于生理和心理发育高峰期的孩子而言，更需要抓住人生的好时机来提升自己的社会交往能力。首先，良好的社交让孩子能够得到更多的讯息，从而帮助他们拥有丰富的知识储备，也让他们的信息更新速度更快。其次，在与他人交往的过程中，孩子们不但可以观察小伙伴的诸多表现，还可以以人为镜，更多地反思自身。再次，人总归是社会的成员，归根结底还是要走入社会的怀抱中，接受社会生活的考验和历练。在这种情况下，孩子们与人交往无疑丰富和发展了自己的社会功能，也让自己更加适应时代的需要，符合时代的要求。最后，社会交往给孩子带来的好处是不言而喻的，在社会交往的过程中，孩子们不但可以锻炼和提升自己与他人的交往能力，还能够广结人缘，从而使自己的身心平衡，获得发展。总而言之，与人交往是一门与我们的生活和工作息息相关的艺术，在很大程度上影响着我们的生存质量，因而每个人都要重视发展自己的社会交往能力，如此才能更加适应社会生活，也使自己的人生更加顺遂如意。

自从转学以来，小曼就面临诸多的不适应。她是跟随父母工作调动，从北京转学到南京的，如此由北到南的大跨度，导致南北差异骤然出现在她的面前，甚至横亘在她的生活之中，使她极其不适应。

有段时间，小曼简直面临人际交往的天堑。她与同学之间沟通出现的障碍，无论如何也无法消除。诸如小曼因为从小在北京出生，因而喜欢北方人性格中的粗犷豪迈，但是当她以同样的方式面对南方的同学时，很多同学都因为她说话直截了当感到难以接受。小曼也很委屈，常常为自己辩解：我并没有恶意啊，只是说话直爽而已。后来，小曼甚至遭到全班同学在班主任面前的控诉，这时她才意识到问题的严重性。后来，班主任给她列举了同样一句话的不同说法，渐渐地小曼才意识到自己也许可以把话说得更加委婉一些。经过大半年的练习和多加注意，小曼才缓解了人际危机。所谓路遥知马力，日久见人心，现在同学们也都很喜欢小曼了。

在这个事例中，小曼因为语言交流上的风格差异，以致与南方的同学相处不来。尽管我们始终都在提倡全国一家，不要刻意强调地域的差异，但是现实情况却是，地域差异始终存在，而且有很多时候根本无法回避。既然如此，我们唯一能做的就是坦然面对。

作为原本应该温婉细腻的女孩子，小曼因为受到北方文化的熏陶，导致她就像男孩子一样直截了当。然而，在意识到小伙伴对此的强烈抵触之后，她不得不当机立断改变自己，这才帮助自己成功赢得了同学们的认可和接受。人生就是如此，不可能事事如意。当外界环境无法改变时，我们唯一能做的就是改变自己，以适应环境，为自己谋求更好的发展。

作为新时代的青少年，女孩不但要掌握好书本知识，更应该把人际交往当成重中之重。毕竟如果缺乏人际交往的能力，就会给女孩未来的人生带来很多不必要的麻烦，甚至还会因此阻碍女孩的发展。也许人生之中有很多能力都很重要，但是人际交往的能力却是每个人立足社会的根本，女孩也不例外。没有人想成为被人排斥的另类，所以女孩们，从现在开始就努力提升自己的社交能力，让自己成为颇具人气的社交女王吧！

## 掌握技巧，才能巧妙处理社交难题

所谓社交，说白了就是人与人之间打交道。人们常说，画虎画皮难画骨，知人知面不知心。很多时候，人与人之间是人心隔肚皮。尤其是在两个人不管是脾气秉性还是兴趣爱好，以及各种人生观价值观都不相同的情况下，双方在交往之中更容易产生矛盾和纠纷。要想让社会交往更加顺利，我们就必须掌握一些处理社交难题的小技巧，这样才能帮助我们妥善解决与人交往中遇到的问题，让我们的生活和工作多一些平顺的坦途，少一些坎坷和泥泞。

大多数社交达人，未必都有自己的独门秘籍。其实，在社会交往中，有很多问题都是具有广泛性和概括性的。所谓一通百通、触类旁通，只要我们能够掌握大概的技巧，就能够处理很多社交问题。细心的人会发现，那些真正的成功人士总是有着振臂一呼、应者云集的独特魅力。因而我们在与他人交往的过程中，也要注意培养自己的号召力。相反，那些默默无闻的人之所以始终得不到成功的青睐，并非因为他们能力不足，或者是经验不够丰富，而往往是因为他们不懂得如何笼络他人的心，更不知道如何让他人齐心协力地为自己所用。

当然，也不乏有些成功者的成功完全是偶然。然而从概率的角度而言，大多数成功者绝非是无缘无故地获得成功的。也因为成功的经验不能照搬，都有着成功者自身的独特烙印，所以我们也不能对待那些经验采取拿来主义，甚至觉得只要生搬硬套那些经验，就也能如愿以偿地获得成功，这基本是不可能的。

通常情况下，社交场合遇到的麻烦事无非就是说服别人、拒绝别人，也包括应对冷场的情况。可以说，如果能够把这几种让人为难的场面应付下来，我们的社交能力也就得到了极大地提高。其中，拒绝他人往往是最让人尴尬的，也是让很多人头疼不已的社交难题。接下来，我们就来看看张哲是如何拒绝好友请求的。

在公司里，张哲和李楠的关系最好，他们常常不分彼此，即便是周末也会在一起喝酒聊天，畅谈人生和理想。

转眼之间，李楠进入公司已经三年多了。随着工作上资历的不断提升，李楠开始考虑个人问题。这不，在一个老大姐的牵线搭桥下，他结识了现在的女友，并且很快就开始与对方谈婚论嫁。然而，女方提出一个很要命的问题，即要求李楠必须先买房，才能结婚。大城市的一套房子总价高达上百万，李楠哪里弄来这么多钱呢？即便是七拼八凑吧，也至少需要一段时间。结婚心切的李楠没办法，想到好朋友张哲已经工作五六年了，至今还没有女朋友，肯定会有一些积蓄，因而他决定向张哲开口。

周末到了，李楠特意邀请张哲去了一家比较高档的餐厅，张哲有些受宠若惊，因为作为哥们，他们即便一起吃饭喝酒，也总是街边小馆解决。不过，张哲心中也很犯嘀咕，猜想李楠一定有求于他。果不其然，三杯酒下肚，李楠开始慢慢表现出借钱的意思："哥们，我可算知道你为什么不谈恋爱了，现在的女孩子个个都是物质主义，只想享乐，不想吃苦，倒霉如咱们，只怕再也找不到同甘共苦的女孩了。你可知道，我的女朋友居然要求我买房……”不等李楠把话说完，张哲就敏感地意识到李楠可能要借钱。他可不想亲口驳了好朋友的面子，因而他马上抢在前面说：“我也谈过女朋友，对此深有同感呀，所以我现在想都不敢想结婚的事情呢！你可能不知道，我父母为了面子，一直想在老家盖起大楼房。所以呢，我这几年好不容易才攒了十万块钱，一分也没留，全都给他们了。我想，和自己娶媳妇相比，孝顺父母更应该排在前面吧！”听了张哲的话，李楠马上知道张哲根本没钱借给自己，因而和张哲像往常一样闲聊了一会儿，就曲终人散了。

在这个事例中，张哲显然非常聪明。他深知直接拒绝李楠一定会让李楠感到难堪，也会影响他们俩之间的关系，因而他在听出李楠的话头之后，就当即表明了自己的情况，从而让李楠打消了向他开口借钱的念头。

生活中，每个人都需要得到他人的帮助，也常常需要求助于他人。所谓锣鼓听音，听话听声，在遇到他人求助的时候，为了避免尴尬，我们必须学会巧妙的拒绝方法。如果因为拒绝他人而得罪他人，甚至失去一个朋友，显然是得不偿失的。真正的聪明人之间，根本无须把话说得太明白，就能传情达意，也能心意相通。女孩们，对于解决社交难题的小技巧，你们知道多少呢？从现在开始，就努力多多学习，提升自己的社交能力吧。只要有心，和谐融洽地与人相处，其实并非难事。

# 会倾听的女孩，才能成功打开他人心扉

很多人都误以为语言表达能力是人与人之间相处至关重要的能力，殊不知，倾听能力才是人与人交往的关键。倾听不仅代表着为人处世的风格，也是一种影响深远的交际品格。尤其是当你很想了解一个人时，你就必须学会倾听，因为唯有倾听才是成功打开他人心扉的钥匙。

懂得倾听的人，都是很有智慧的。我们从倾听之中了解他人，也通过倾听领悟交流的真谛。尤其是当我们专注地倾听他人的诉说时，他人总是能够感受到我们发自内心的尊重，从而意识到我们非常在乎他们的表达，由此一来彼此之间怎能不互生好感呢！可以说，当我们更加善于倾听时，我们也就变得更加聪明。

一个真正善于交谈的人，一定是懂得倾听，也善于倾听的。要想在人际交往中得到帮助，那么我们所能得到的最好建议就是用心倾听。不管是对方作为上司在指责我们，还是对方作为寻求帮助的人在向我们吐露心声，亦或者是对方作为陌生人第一次与我们见面且如履薄冰地交流，我们给出倾听的反应，总是不会错的。一个静下心来倾听的人，总是谦虚好学、稳重可靠的，也因而会得到他人同样的善待，并且得到他人的尊重和喜爱。由此可见，要想成为社交场合中的新星，我们就必须学会倾听，成为一个真正的好听众。尤其是对于初次见面的人而言，所谓言多必失，多多倾听不但能让我们更加深入地了解他人，也能帮助我们通过倾听避免犯错。所谓兼听则明，偏信则暗。当多方意见不统一时，善于倾听还能给我们的人生带来更多的契机和机遇。

生活中，很多女孩都以温柔娴静、善解人意的形象出现。那么在人际交往中，也就要求女孩更要懂得倾听的魅力，并且把倾听运用得恰到好处。需要注意的是，女孩在倾听的时候，为了提升交流的效果，也为了表示对对方的尊重，一定要善于使用心灵的窗口——眼睛，与他人进行交流。此外，尽管在倾听过程中不应该随意插话，但是我们还是应该给予适时的回应，或者点头示意，或者以微笑回应，也可以以加入自身思考的提问为回应，这样才会让说话者感受到你正在全心全意思考他的话，也会对你产生良好的印象。需要注意的是，以提问为倾听的回应，并不意味着我们可以随意打断对方的倾诉。在对方的话题没有结束之前，不管你多么想要开展一个新话题，都不要随意打断对方的交谈。否则，一定会招致对方的反感，甚至使你之前的努力都前功尽弃。

在宿舍里，慧慧是最受欢迎的女孩。宿舍里一共住了十二个女孩，几乎人人都喜欢慧慧，每当有了心事，她们都会主动和慧慧诉说。都说女孩的心，海底的针。那么慧慧是如何做到成功吸引其他女孩，并且使她们围绕在自己身边的呢？其实，慧慧也没有什么特殊的方法和技巧，她唯一的与众不同之处在于，她并不像大多数女孩子一样叽叽喳喳，而总是能够静下心来专心致志地听他人的诉说，也能够对其他女孩的秘密守口如瓶。

有一次，宿舍里人缘最差的默默一个人在宿舍里哭泣。慧慧看到之后，并没有对默默视若无睹，而是温柔地问默默：

"默默，你怎么了，为什么哭啊？"看到宿舍里的知心大姐大慧慧来了，默默毫无保留地把心里话全都说了出来。原来，默默的爸爸在外面有了第三者，和妈妈离婚了，从此以后默默就是可怜的孩子了。在默默哭着倾诉的过程中，慧慧一直用满怀同情的目光看着默默，还时不时地用自己的右手轻轻地拍拍默默的肩膀。就这样，慧慧从始至终没有说什么话，却以眼神和鼓励的抚摸，给了默默无尽的安慰。从此之后，默默把慧慧当成自己最信任的人，与慧慧成了无话不谈的好朋友。

懂得倾听的慧慧，不但以理解和体贴的眼神博得了默默的信任，而且温柔地拍着默默的肩膀，让默默感受到力量。对于默默而言，在人生最伤心的时刻，也许正需要这样一个善于倾听也懂得倾听的人。她不需要很多，只要一双耳朵就好。

在人际交往中，很多女孩都不知道如何才能成功打开他人的心扉，走入他人的内心深处。然而，无数的生活经验告诉我们，倾听就是最好的表达，也是在有些情况下无法取代的最好交流方式。当你作为一个倾听者时，一定要尽量给予他人更多的尊重和关注，使他人感到自己的话得到了重视。只要做到这一点，你就一定能够拥有好人缘！


## 幽默是一种能力，也是社交的润滑剂

曾经有人说，幽默是最高形式的机智。在人际交往中，假如我们能够恰到好处地运用幽默，则不但能够口吐莲花，使自己与他人的交流更加和谐融洽，也能恰到好处地打破人与人相处过程中偶然出现的冷场，从而使社交场合的气氛得以缓解，也帮助在场的人们都消除尴尬。这样一来，幽默的人怎能不得到大家的一致认可和赞赏呢！

现代社会人才济济，作为女孩，仅凭精致的妆容、得体的服饰，显然无法成功吸引他人的眼球，博得他人的赏识。在注重美丽内外双修的今日，女孩们不但要有外在美，更要有内在美，而且要有风趣幽默和机智，才能成功打动他人的心，赢得他人的赞赏。尤其是社交场合风云迭起，原本素不相识的人们很容易因为各种各样的原因产生矛盾和纠葛，也导致突发的冷场。在这种情况下，假如能用幽默来救场，无疑是最好的选择。从这个角度来说，幽默又是社交场合的润滑剂，能够很好地缓解社交场合中不期而至的尴尬冷场，从而使人们恢复镇定，谈笑风生。

周恩来总理是我国著名的外交官，历来以谦逊有礼著称。不过对于那些别有用心的外国"友人"，他也从不退却，既能够给予对方有力的还击，又让对方无法反驳。有一次，一位美国记者去周恩来总理的办公室进行采访，当看到办公桌上摆放着一支派克钢笔时，这位美国记者有些不怀好意地问："总理先生，您也喜欢我国产的派克钢笔吗？"周总理当然感觉到了美国记者话中的讽刺意味，因而面不改色地回答说："其实，这支钢笔并不是我的，而是一位朝鲜朋友送给我的纪念品。当时，我本来想拒绝接受，但是那位朝鲜朋友说这是他在战争中缴获的战利品，意义非同寻常，因而我却之不恭，只好接受了。"周总理的回答不卑不亢，让美国记者感到自惭形秽，无地自容。

周总理在任时，新中国刚刚成立不久，还处于比较弱势的地位。所谓弱国无外交，作为弱国的外交官，周总理更是呕心沥血。他既要维护国家的尊严，又要给予别有用心者有力的还击，有的时候还要保持谦逊有礼的风范，不能与对方直截了当地展开口舌之战。因而周总理只能以这样巧妙的方式反击对方，使对方知难而退，也使对方意识到自己的无礼，却又对周总理那彬彬有礼、谈笑风生的反驳无言以对。不得不说，周总理是最高明的外交官。

现代社会，生活节奏加快，工作压力增大，因而更需要幽默。尤其是很多人都因为紧张以致身体处于亚健康状态，精神也如同绷紧的弦一样随时都有可能绷断，在这种情况下，就更需要幽默来作为人际交往的润滑剂和调节器。

女孩们，尽管幽默对于社交有很大好处，但是运用幽默时也是有很多注意事项的。诸如要把幽默和低俗的玩笑区别开来，幽默是高雅、机智、风趣的，绝不低俗；再如，幽默必须要区分对象，不是任何人都可以随意幽默的。此外，凡事过犹不及，一旦过度，就会产生相反的效果，导致事与愿违。因而我们在幽默时，一定要注意时间场合，更要顾及他人的颜面和感受。总而言之，只有把幽默运用得恰到好处，才能充分发挥幽默的积极作用，促进我们的社会交往。

# 打开他人的话匣子，最好从兴趣着手

在人际交往的过程中，我们往往希望能够与他人建立良好的关系，并且在最短的时间内赢得他人的信任。其实，人与人之间的交流说起来很简单，但是做起来却并不容易，尤其是原本陌生的人之间，就更容易因为隔阂、生疏等原因无法敞开心扉。在这种情况下，如何迅速拉近我们与他人之间的距离呢？这实际上是有技巧的。

众所周知，每个人只有对自己感兴趣的事情才会表现出特殊的好感。因而我们要想在最短的时间内与他人相谈甚欢，不妨从他人最感兴趣的事情入手，这样才能起到事半功倍的效果。看到这里，也许有些读者朋友会问："假如此前根本不认识，如何知道对方的兴趣爱好呢？"假如对方是知名人士，完全可以从各个途径寻找对方的相关资料；假如对方不知名，那么我们就可以在与对方交流时不断捕捉各种有用的信息，从而随着交谈的深入对其了解得更加翔实，如此才能摸索到对方对什么话题更感兴趣。总而言之，兴趣不但是每个人一生之中快乐的源泉，也是人与人之间交流的桥梁。

尤其是在社交场合，抓住他人的兴趣点，更能够帮助我们吸引对方的注意，赢得对方的好感。所谓一见如故、相谈甚欢，基本都是建立在共同兴趣点之上的。因而，聪明的女孩为了玩转社交圈，也可以从对方的兴趣着手，成功地打开对方的话匣子，使对方与自己相谈甚欢，意犹未尽。当然，也不排除某些人的兴趣点不那么显而易见。在这种情况下，我们可以挖掘和培养对方的兴趣点。归根结底，每个人都有自己感兴趣的事情，因而在交谈中总是会情不自禁地表现出对某一方面更感兴趣。这时，我们就可以抓住契机，捕捉对方的兴趣点。当然，针对对方的兴趣点进行交谈时，千万不要表现得过于急功近利。没有人愿意自己的兴趣被他人利用，我们也很难仅凭一两句话就激发起对方的谈兴。只有表现得足够真诚，也满怀兴趣，才能让对方真正心甘情愿地与我们交流。

眼看着到了岁末年初，很多单位都开始举行年会，林丹的单位也把年会定在了1月15日。很快，年会的日子就到了，因为是晚宴酒会，因而很多女同事都穿着晚礼服来到了现场，男士则都是西装革履，看起来还挺像模像样的。

然而，宴会并非林丹心中所想的那样，不一会儿，不善言谈的林丹就觉得有些厌倦了。她找了个角落坐下来，开始安安静静地品尝红酒，时不时地翻阅身边的杂志。这时，一位男士走过来和林丹搭讪，林丹能认出来是单位的同事，但是因为不熟悉，所以彼此也从未交流过。男士笑着问："请问我可以坐在这里吗？"林丹点点头，男士又问："你的项链很漂亮，一看就有异域风情，是在泰国买的吗？"林丹不由得眼前一亮，似乎见到了知音。原来，林丹今晚并没有走贵族风，而是穿着亚麻风格的连衣裙，因而搭配了这条去泰国旅游时带回来的项链，是木质的。看到男士如此慧眼识珠，林丹不由得笑起来，反问："你也去过泰国？"男士笑了，说："看来，我是找对人了。我正准备春节去泰国旅游呢，不知道你能不能给个攻略啊？相比起网上那些攻略，我还是更愿意从你这里得到切实的经验。"林丹一改之前昏昏欲睡的倦怠模样，马上变得精神抖擞，神采飞扬，开始讲述自己在泰国旅游的经历以及注意事项。就这样，林丹就像是打开了话匣子，一个晚上都在眉飞色舞地讲述，不知不觉间宴会就要结束了，她却意犹未尽。后来，男士加了林丹的微信，可想而知他们必然会成为很要好的朋友。

在这个事例中，林丹原本觉得年会很无聊，幸好这个男士很会聊天，一下子就通过火眼金睛看出林丹的项链与众不同，由此引到关于去泰国旅游的事情上，最终打开了林丹的话匣子，成功拉近了与林丹之间的心理距离。

女孩也可以使用这个技巧与他人交流，只要能够找到对方感兴趣的话题，必然能够得到对方的信任，也能够使对方突然间变得健谈起来。毋庸置疑，要想与他人建立良好的关系，首先必须保证双方兴趣一致，这是人际交往中最可靠的相处基础。只要打开了对方的心扉，也就打开了对方的话匣子，还愁交往不能顺利进行下去吗？聪明的女孩，你一定知道自己该怎么做了吧！

## 交朋友时，女孩不可不知的注意事项

古时候，秦桧那么坏，也有几个忠心耿耿的好朋友，因而人生才能不寂寞。现代社会，人际关系被提升到更高的地位，交往更是成为每个人最基本的一种社会需求。然而，并非所有的交往都能够对我们的生活和工作起到积极正面的作用，有的时候万一遭遇狐朋狗友，或者是总给我们灌输负能量的损友，我们也会因此遭受伤害，或者承担损失。

当然，生活不总是一帆风顺的，我们更不能因噎废食。总体而言，积极友善的交往，还是会给我们的人生带来意外的惊喜和收获，我们也因为有了朋友的陪伴，才会在人生路上不感到寂寞。

对于女孩来说，似乎来自外界的伤害会更多，尤其是在现代社会人心叵测，女孩在交朋友时更应该多多注意，才能避免遭受伤害，也才能让自己尽情享受和朋友相处的乐趣。其实，朋友之间的相处很符合刺猬法则，即很多刺猬依偎在一起取暖，离得近了被对方身上的刺扎得难受，离得远了，又因为不能用对方的体温取暖，所以觉得很寒冷。最终这些刺猬想出了一个中和的办法，即不远也不近地靠着，这样既能够相互取暖，又不至于彼此伤害。朋友相处，即便关系再怎么亲密，彼此间也是相互独立、有个性、有独特性的个体，因而无法做到真正的亲密无间。明智的朋友之间总是保持适度的距离，这样才能避免矛盾发生，也才能始终维持友谊之树常青。

除了距离之外，女孩其实首先应该做的是甄别真伪朋友。也许有的读者朋友会问："朋友还有真伪吗？"当然。很多情况下，整日围在你身边团团转、整日和你一起大块吃肉大口喝酒的人未必是真朋友；那些对你若即若离、很长时间都不联系的人也未必是假朋友。所谓患难见真情，风光时的朋友有很多都是狐朋狗友，根本不可能对其长久地托付。反倒是那些心里真正亲近你，无条件帮助你，尤其是愿意救你于危难之中的朋友，才是真朋友，是值得托付一生的好朋友。所以女孩首先要甄别真假朋友，然后再用心维护友谊，如同上文所说的那样，与朋友保持适度的距离。

当然，不管是多么亲密的朋友，相处时都一定要注意礼貌和礼节。自古以来，中华民族就崇尚礼尚往来，这是因为礼貌能够帮助人们更加和谐融洽地相处，礼节则能够让人们在一来一往中交往更加密切。最后我们要说，任何人际交往的基础都是相互尊重，彼此信任，谦虚礼让。朋友之间也是如此，如果没有尊重，就无法和谐相处；如果没有信任，彼此就会离心离德；如果没有礼让，互相之间会睚眦必究。如此一来，关系再好的朋友最终也会分道扬镳，再也无法继续友好相处下去。因而，女孩们，虽然朋友能够给我们带来快乐，朋友关系的维护却需要我们不断付出努力，多多用心，更要用感情。

除了这些要与朋友交好的注意事项之外，有的时候最深的伤害也恰恰来自朋友。现代社会人际关系复杂，很多时候知人知面不知心，在这种情况下，女孩必须做好对自身的保护工作，诸如不要单独和异性外出或者相处，不要随便把自己家的钥匙交给朋友，更不要为了博得朋友的信任就随便吐露自己的心声和一些不为人知的小秘密。总而言之，害人之心不可有，防人之心不可无。我们既要亲近朋友，也要为了自身安全做好防护工作，这样才能度过平安快乐的一生！

# 第09章

# 懂责任敢担当，成熟的女孩更吃香

很多人只知道强调作为家庭顶梁柱和国家栋梁之才的男性必须有责任心，才能担当起重任。殊不知，现代社会的女孩也巾帼不让须眉，不但在家庭中承担起大多数责任义务，也勇敢地走上社会，在职场上与男性平分秋色。因而我们要说，即便是女孩，也必须有责任心，能够勇敢担当，这才是真正成熟的标志。

## 任何时候，都要对自己说出去的话负责

生活和工作中，我们总是把责任挂在嘴边，似乎每个人都有着强烈的责任心，也能够对于自己的人生负责。殊不知，说出责任二字是轻而易举的，但是真正想要成为负责的人，则很难做到。生活是琐碎而又复杂的，有的时候还要面对突如其来的重大事件或者灾难。也许人们在日常生活中能够承担起责任，但是等到真正大难临头的时候，责任还是那么轻而易举就能承担起来的吗？关于夫妻关系最悲观的说法之一，莫过于"夫妻好比同林鸟，大难来临各自飞"。人们对于夫妻关系的这种定义，让每一个已经或者即将走入婚姻关系中的人，都未免感到悲哀。然而，生活中总还是有希望的，无数夫妻坚定相守、同心协力面对生活困境的事例也告诉我们，夫妻同心，其利断金。这样一来，我们又对婚姻产生了些许的信心，也为自己的婚姻经受住了某种考验而感到骄傲。

对于责任，德国大名鼎鼎的剧作家歌德曾经作出了诗意的解说，即"责任就是去爱自己准备去做的事情。"这句话听上去平淡无奇，实则一针见血地说出了责任的真谛。的确，假如我们对于自己即将去做的事情都没有热情和信心，更不愿意为此付出任何代价，那么我们还有必要进行毫无意义的尝试吗？唯有怀着坚定不移的爱，我们才能把责任心发扬光大，也绝不会对自己选定的道路半途而废。

现代社会已经进入诚信时代，每个人都应该对自己所说的话负责。唯有如此，我们才能做到一诺千金，掷地有声。否则，若我们总是把自己说过的话抛之脑后，那么我们也就失去了做人的诚信，更无法立足于社会之中。毫无疑问，在人人都以诚信立足的社会环境中，这么做的后果多么严重！

有一天，曾子的妻子要去赶集购买日常所需，儿子看到之后，也哭闹着要跟着妈妈一起去赶集。这时，曾子的妻子顺口说道："别哭，在家里乖乖等着，妈妈回来之后杀猪给你吃肉。"儿子对妈妈的话信以为真，因而一直坐在院子里等着，时不时地还会跑去门口张望妈妈回没回来。好不容易等到太阳西下，妻子终于从集市上拎着东西回来了，曾子见了马上开始磨刀。妻子问："你要干什么？"曾子说："当然是杀猪啊，你不是已经答应儿子了吗？"妻子哭笑不得，说："我只是顺口一说哄骗小孩子的，你怎么还当真了呢？"曾子却一本正经地说："父母是孩子的榜样。假如父母对孩子说谎了，那么将来孩子言而无信，父母也就不要抱怨孩子。所以说，假如你现在欺骗孩子，将来也就不要抱怨孩子欺骗你，欺骗别人。"妻子被曾子说得哑口无言，这才意识到问题的严重性，因而只得同意曾子杀猪。就这样，儿子吃到了香喷喷的猪肉，他们还给街坊四邻也送去了一些猪肉呢！

父母是孩子的榜样，孩子未来的所作所为，很有可能就是父母今日的翻版。因而即便是对于很小的孩子，父母也一定要言而有信，这样才能教会孩子信守诺言，兑现自己所说的每一句话。

言必出，行必果，这也是每一个人立足于社会的基础。不仅是男孩要有责任有担当，女孩也同样要对自己的言行负责。只有从小教育女孩信守诺言，她长大之后才会成长为一个新时代的女性，也才能在家庭教育中对孩子起到榜样的作用。退一步而言，即便是从自身角度出发，为了帮助自己得到他人的认可和肯定，也为了帮助自己立足于社会，女孩也必须信守承诺，成为一个有责任有担当的人。

## 凡事亲力亲为，才能尽在把握

每个人在社会中生活，都有自己的角色，也有自己的责任和义务。我们不但要承担起责任，更要无条件完成自己的义务，才能对自己的人生负责，也为社会贡献出自己的一份力量。遗憾的是，现代社会中推脱责任的人有很多，对自己的义务弃之不顾的人也有很多。一个真正合格的社会成员，不管多么辛苦都会坚持完成自己的义务，对待人生的态度也严谨认真，凡事总是亲力亲为，从而最大限度地把握人生。

王玲正在读高二，如今面临着文理分科的问题。很多偏文或者偏理的同学很轻松地就作出了选择，但是王玲却陷入了纠结之中。原来，在理科的各门学科中，王玲虽然化学学得很好，但是对物理毫无灵感，因而物理成绩一塌糊涂。在文科的各门学科中，王玲尽管语文成绩非常优秀，政治也学得不错，但是对历史又一窍不通，而且一提起历史就头痛欲裂。思来想去许久,王玲也没有决定自己到底是该学文科还是学理科。看着王玲犹豫的样子,老师只好建议她:"马上就要上报最终的结果了,如果你实在拿不定主意,不如和父母商量下,也参考下他们的意见吧!"

王玲特意和老师请了半天假,回到家里和父母商量。在综合分析王玲的情况之后,爸爸说:"物理学不好,越到后来会越感觉吃力。尽管你文科的历史成绩不好,但是好歹只要多多背诵和记忆,还是能够有所提升的。而且大多数女孩在理科学习上都略感吃力,所以我还是建议你报文科。"妈妈也随声附和:"还是学文科吧,这样更保险一些。"听了爸爸妈妈的建议,王玲如释重负,说:"好吧,那我就报文科啦。要是将来我学不好,考不上好大学,你们可不要责怪我呀!"听到王玲的推脱之词,妈妈赶紧说:"你这话怎么说的呢!虽然我们是你的父母,但是你也已经不是小孩子了,你应该为自己的行为负责了。我和爸爸只是建议你,我们不能代替你作出决定,你必须自己作出决定,并且为自己的选择负责。"听了妈妈义正辞严的话,王玲又变得郁郁寡欢,因为她还是没有主见。

在这个事例中,王玲借口让爸爸妈妈给她建议,从而推脱责任,想把将来考大学的责任都推到爸爸妈妈的身上。幸好,妈妈及时纠正了她的观点,也把沉甸甸的责任放到王玲的肩上。妈妈的做法是非常正确的,因为不管父母多么疼爱女儿,女孩终有一天还是要离开父母的怀抱,去独自面对生活。对于一个高二的女孩而言,学文还是学理,因为只有她最了解自己的学习情况,所以也必须由她做出选择,并且对自己的选择负责。

现代社会，有很多孩子都像王玲一样，因为习惯了凡事都由父母包办，因而渐渐失去了自己的主见，也变得对人生充满惰性，不愿意对自己的人生负责。实际上，这种心理对于人生是有百害无一利的，这样的行为习惯也必将给人生带来严重的负面影响。

人生，是任何人都不可能替代的。因而明智的父母会让女孩尽早学会独自面对人生，进行人生的权衡和选择。唯有如此，女孩才能养成凡事亲力亲为的好习惯，学会独立自主地面对生活。

## 没有国哪有家，保家卫国也是女孩的责任

正如成龙和刘媛媛在《国家》中所唱的那样："……家是最小国，国是千万家。在世界的国，在天地的家，有了强的国，才有富的家。国的家住在心里，家的国以和蛊立……"国和家之间，是相互依存、相互包含的关系。假如没有小家的和谐兴盛，也就没有大国的安宁强盛，因而作为每一个中华民族的子孙，我们都必须把保家卫国当成己任，坚定不移地维护国家的安危，为国家的繁荣昌盛贡献出自己的一份力量。

也许有些女孩会说，保家卫国是男性的责任和义务，女性理应守在家中，为了家庭操持，而不能承担起危险的保国卫国的重任。这样的看法未免狭隘和偏颇，也根本不利于女孩国

家观念的树立和发展。所谓"天下兴亡，匹夫有责"，当国家处于危亡之中时，国家中的每一个人，不管是男性还是女性，都应该马上把生死置之度外，全力以赴地承担起保家卫国的重任。试想，假如国家灭亡，难道只有男性遭遇亡国之苦吗？只怕妇女会成为首当其冲的受害者，所谓自救者天助之，女性也必须坚强起来，坚韧不拔，才能最终与男性同心协力，共同保卫和守护国家的安全。

尽管身处和平年代，没有硝烟和战争，然而战争随时随地都有可能爆发，所以我们每个人都要深刻明白保家卫国的道理，才能时刻准备着为国家冲锋陷阵，万死不辞。可以说，不但是女性，即便是老幼病残，在面对国家生死存亡的时刻，也都要贡献出自己的微薄之力。没有国，哪有家，皮之不存毛之焉附。女孩们，从现在开始就树立保家卫国的信念，时刻准备着，像那些热血男儿一样为国奉献吧！卫国才能保家，有了家我们才有幸福安定的生活。

清朝咸丰年间，大名鼎鼎的巾帼英雄冯婉贞，为抗击英法侵略者作出了巨大的贡献。因为从小跟随父亲冯三保练习武艺，所以冯婉贞也武艺高强，跟随父亲一起带领村民自卫组织抗击侵略者，阻止敌人的入侵。

一天中午，哨兵汇报侵略者来了，冯三保马上命令村民们进入防御堡垒，耐心等待敌人靠近了再发动攻击。这次，他们把握住了好时机，因而一下子就击退了敌人的进攻。然而他们很清楚，敌人不会善罢甘休，马上就会有更多的敌人来犯。这时，冯婉贞建议父亲与敌人展开肉搏战，这样就能够让敌人炮火的威力丧失。然而冯三保考虑到敌强我弱，最终没有采纳冯婉贞的建议。无奈之下，冯婉贞当晚就组织村里的年轻人，一起埋伏在村外的小树林里，准备伏击敌人。果不其然，到了次日下午四点左右，敌军带着大炮又来了。等到敌人走到小树林附近时，冯婉贞率领伙伴们提着大刀，英勇无畏地冲入敌人的队伍中。因为毫无防备，敌人被打得措手不及，不得不与冯婉贞他们拉开距离，以便发挥炮火的威力。不料，冯婉贞识破了敌人的诡计，进而率领伙伴们乘胜追击，最终歼敌一百多人，迫使敌人丢下大炮溃败而逃。从此之后，吃尽苦头的敌人再也不敢来侵犯了。

冯婉贞不仅武艺高强，而且心思敏捷，能够想出一招制敌的好办法。即使遭到父亲的否定，她也没有气馁，而是组织村里的年轻人展开行动，因而才能抓住制服敌人的最好时机，从而使得敌人溃败而逃，再也不敢来犯。不得不说，冯婉贞的胆识和魄力，勇气和智慧，值得我们每一个人学习。

自古以来，但凡英雄都拥有决断力，也能够凭借自身的实力藐视一切困难和阻碍，因而才能做出丰功伟绩，青史留名。作为生在和平年代的年轻人，每个人也都有着英雄梦，那么就让我们从现在开始以保家卫国为己任，成为和平年代中随时准备冲锋陷阵的英雄吧。此外，在和平年代中，我们对祖国的热爱除了去战场之外，也可以通过其他各种形势和渠道展现出来。一个真正有心的爱国者总是能够为祖国贡献，也能为祖国增光添彩。

## 即便萍水相逢，也要伸出援手

对于一个有责任感有爱心的人而言，他们的爱和责任并不狭隘，而是面对整个社会，也面对每一个他们身边的人，包括遇到的陌生人、萍水相逢的人和那些擦肩而过的路人。总而言之，他们心怀大爱，也愿意把责任感涵盖到每一个生命之中。

现代社会，人与人之间变得越来越冷漠，更多的人明哲保身，不愿意对身边需要帮助的人伸出援手。如果任由这种情况肆意蔓延，则整个社会都会变得冷漠，使人完全看不到希望。因而作为社会的一份子，我们有责任和义务让爱洒满人间，也帮助自己收获一个充满爱和责任的温暖人生。

一辆列车高速行驶，从北京出发，驶向春暖花开的广州。然而，正当列车上的人们都在安然享受旅途的惬意时，一个孕妇突然感到肚子剧烈地疼痛起来，距离预产期很近的她马上想到自己也许是要生了，因而赶紧呼救。情况危急，列车员马上通过广播寻找列车上的产科医生，然而广播循环播出了很多遍，却根本没有找到医生。乘客们也都焦急万分，心中牵挂着孕妇的安全，但是他们都不是医生，只能干着急。

正当大家都无计可施时，有个特别年轻的小姑娘站出来怯生生地说："我是妇产科的……"看着小姑娘稚嫩的面孔，列车长完全来不及质疑，就把小姑娘请进临时产房。这是临时用床单隔开的病房，列车员们早就准备好了钳子、剪刀、热水和毛巾等必需品，只差妇产科的医生了。产妇是难产，因为强烈的阵痛，她撕心裂肺地尖叫着。这时，小姑娘脸色煞白，她赶紧向列车长说明了产妇的危险情况，并且告诉列车长自己只是产科护士，根本无力应付如此复杂的情况。她让列车长赶紧紧急停车，把产妇送到医院急救。然而，此时此刻距离最近的停靠站点也还得有一个多小时的车程呢，因而列车长郑重其事地对小姑娘说："在这趟列车上，你就是妇产科专家，我们都信任你，你就放心大胆地干吧！"小姑娘突然觉得自己的肩膀上沉甸甸的都是责任，因而她决绝地问："万一有意外，保大人还是孩子？"列车长意味深长地看着小姑娘，说："我们相信你。"

小姑娘带着整整一列车人的信任，再次鼓起勇气坚定不移地走进产房。列车长随后也走进来安慰产妇："放心吧，我们找到了最好的妇产科专家，你们一定会母子平安的。"就这样，小姑娘怀着必胜的信心，坚定不移地完成了列车长交代给她的任务。

在产妇生死攸关的危急时刻，年轻的妇产科护士最终选择站出来，承担起这个光荣而艰巨的任务。然而，当看到产妇难产时，她又不由得打起了退堂鼓，毕竟这是人命关天的大事，她的肩膀还过于稚嫩，也不敢承担如此艰巨的重任。幸好，列车长给予了年轻护士坚定不移的信心，也使她充满了挽救生命的神圣责任感。最终，小护士圆满完成了接生任务，帮助产妇母子平安。

很多时候，我们身边的人未必都是朋友、亲人、爱人，他们之中的大多数人都是与我们萍水相逢、素不相识的陌生人。所谓一方有难、八方支援，每个人在人生之中都有可能需要求助于他人，也很有可能被他人求助。我们唯有心怀大爱，热情地向别人伸出援助之手，才能让这个社会充满爱，让爱弥漫在人间。

## 有责任心的人，才能承担起他人的托付

在生活中，责任心是每个人必不可少的优秀品质，也是一个人立足于社会的基础。倘若一个人没有责任心，则一定会因为不能肩负起责任，最终失去他人的信任。那么，一个从来不需要负任何责任的人，一定是幸福的吗？答案当然是否定的。也许有很多朋友都想要逃避责任，以负责任为苦，殊不知当一个人真的无须负任何责任时，也就意味着他失去了存在的价值。就像工作一样，虽然人人都在工作日的时候盼着休息，但是当人真的不再需要工作，也就意味着人失去了价值，从而导致人们郁郁寡欢，万分落寞。责任也是如此。真的不再需要负责的人，也就意味着他再也承受不起任何人的托付，甚至没有人愿意继续相信他，不得不说这是人生的悲哀。

一个有责任心的人，不但能够证明自己的实力和能力，也能够勇敢地肩负起他人的托付，从不辜负他人的所托。如此一来二去，必然得到他人更加深厚的信任，从而也能够帮助自己在社会生活中站稳脚跟。当然，要想实现这个目的，我们必须从小就培养自己的责任心，千万不要为了推脱责任，总是逃避和畏缩。

　　自从进入这家公司工作后，文文就一直很忙碌。原来，她刚刚大学毕业还没有工作经验，在学校学到的一切理论知识都与实践环节严重脱轨，所以她必须坚持不懈地学习，才能跟得上工作的节奏和步伐。

　　边工作，边学习，让文文劳累不堪，她甚至觉得身体和精神都处于崩溃边缘。有天下午下班前，上司突然交给文文一个表格，让文文和娜娜一起完成。当时娜娜不在办公室，因而上司再三叮嘱文文这是明天的投标会要用的，务必保证所有数据分毫不差，否则就会引起严重的后果。文文从上司手中接过文件，也立下了军令状："放心吧，领导！"娜娜回来之后，文文当即和娜娜分配了表格，然后她们就开足马力开始制作和核对表格。

　　时钟嘀嗒嘀嗒，眼看着已经深夜十点了，文文和娜娜好不容易才完成了表格。文文长嘘一口气，说："谢天谢地，总算完成了。我们可以回家睡觉了。"这时，娜娜有些担忧地说："文文，领导不是说要仔细核对，千万不能出错吗？毕竟是投标用的。要不咱们再留下两个小时，把文件核对完再走吧。"文文不以为然地说："都听领导的，咱们早就累得吐血了。我看为了不被累死，咱们还是赶紧回家睡觉吧，我们这么认真，表格应该不会出错的。"说完，文文就把文件发送到上司的邮箱里，然后把娜娜推出办公室，一起打车回家了。不想，文文回家洗漱之后还没进入梦乡呢，上司的电话就打过来了。即便透过电话机，文文也能听出上司声色俱厉的模样："张文文，我再三叮嘱一定要检查得绝对没有错误，你现在打开文档，看看你干的好事。"听了上司的话，文文睡意全无，马上打开电脑，看了看文档。果不其然，尽管做的时候非常小心，文档还是有一处数字的小数点标错了。上司又说："假如不是我看到你的邮件发来得很快，想着你也许没检查，所以就检查了一遍，那么你这一个小数点的偏差就会给公司带来几十万的损失，你承担得起吗？"尽管上司说话毫不客气，文文却因为自觉理亏，只能不停地认错。这个事例中，因为文文缺乏责任心，没有在文档完成之后进行检查，差点导致公司遭受严重损失。女孩们，我们必须记住，任何公司都不会欢迎一个没有责任心的人。当一个下属因为缺乏责任心导致工作上出现严重失误时，也必然失去工作的机会。

在成长的过程中，女孩们很多时候都需要责任心。尤其是通过那些不起眼的细节，往往更容易看出一个人的责任心是否足够强。要知道，做任何事情都是需要责任心的，因而一个没有责任心的人在很多方面都会遭到质疑。在女孩成长的过程中，父母一定要帮助她们建立自信心，也让她们随着不断成长，主动自发地培养和提升自己的责任心。唯有成为有责任心的女孩，才能拥有健全的人格，也才能够不负他人所托，成就自己圆满充实的人生。

## 为自己树立榜样，进步一日千里

孩子们在小的时候，对于自我的意识以及对客观外界的反思，发展的都不够完善成熟，因而他们总是无法正确评价自己，也无法客观衡量外界的一切。在这种情况下，孩子就会以父母为榜样，把父母当成是自己行为模式的楷模，时时处处向父母学习。后来，随着孩子们逐渐长大，开始上幼儿园，紧接着小学、中学……一路下来，孩子们成为了社会的一员，也有了自己的社交圈子，除了家庭之外，他们更多地受到老师和同学的影响。因而，很多孩子在入学之后，常常会以老师和同学为榜样。当然，需要注意的是，尽管我们日常生活中所说的榜样往往是指积极正向的，但是不可避免很多时候生活中有些人会给别人起到反面教材的作用。对于有甄别能力的成人而言，当然可以依靠自己的能力判断，但是对于缺乏判断能力的孩子而言，未免会感到模糊和混乱。一旦遇到坏的榜样，他们就会不知所措，甚至受到负面影响。

人们常说，榜样的力量是无穷的，事实也的确如此，榜样因为其言传身教的作用，往往会对人们起到巨大的影响。尤其是若我们的榜样来自身边的人，我们难免要与他们朝夕相处，因此受到影响的概率更大，程度更深。从这个角度而言，作为女孩的第一任老师，父母必须身为表率，做好女孩的榜样。尤其是在女孩模仿能力最强的幼儿时期，她们几乎成了父母的翻版，毫无判断能力地对父母一切好的和坏的表现都全盘照搬，统统吸收和内化成为自己的。在进入学校之后，老师因为工作的要求，会更加严格地作为学生的表率，这种榜样作用比起父母在生活中无意时表现出来的随意随性，更能产生积极的影响。再加上知识的灌输和传递，使得女孩们能得到积极正向的引导，因而更能够获得进步。

小曼在班级的学习成绩总是排名中等，其实妈妈很清楚小曼完全有能力让自己进入上等生的行列，只是缺乏动力而已。尽管妈妈经常鼓励小曼，也趁着考试的机会对小曼威逼利诱，但是小曼就是无动于衷。思来想去，妈妈想出了一个好办法。

一个周末，妈妈出门去买菜，居然把小曼的同学妞妞带回了家。妞妞家住在隔壁小区，因而妈妈向小曼解释："我买菜的时候碰到妞妞妈带着妞妞也去买菜，就邀请妞妞来咱们家做客。"作为独生子女的小曼当然愿意有一个同龄的玩伴，尤其还是在非学习的时间环境下，因而她们很快就玩得不亦乐乎。就这样，一来二去，小曼和妞妞成了好朋友。

有一次，小曼的月考成绩出来了，还是不上不下，在班级里位列25名。妈妈装作漫不经心地问："对了，来咱们家玩的妞妞考得怎么样？"小曼想了想，才有些羞愧地说："妞妞是前十名，她的数学比我好。"妈妈不以为然地说："是么，照我来看，妞妞也不比你聪明。就像你俩有一次玩游戏，她不是还输给你好几次吗！我相信只要你认真努力，把数学成绩提高一点点，一定能够赶超妞妞。"从此之后，尽管小曼和妞妞还是好朋友，但小曼已经把妞妞当成了自己的榜样。她暗暗告诉自己：只要妞妞能做到的，我也能做到。与此同时，她也把妞妞当成了自己的目标，下定决心一定要超过妞妞。

又一个学期过去，小曼果然在期末考试中考到了第八名，和妞妞并列。看着小曼如此巨大的进步，妈妈打心眼里高兴，也为自己的"榜样法"暗暗叫好。

女孩的心思很细腻，对于敏感的女孩而言，她们既可以和其他女孩成为好朋友，也可以和其他女孩成为竞争对手；与此同时，为了促进自己不断进步，她们还会把其他女孩当成自己的榜样。小曼的妈妈正是巧妙地把妞妞带进了小曼的生活，使妞妞成为小曼的榜样，不断激励和促进小曼取得进步。妈妈的良苦用心总算没有白费，看着和妞妞并驾齐驱的小曼，妈妈不知道有多高兴呢！

通常情况下，我们的榜样都是身边活生生的人，他们和我们处于相差无几的环境之中，甚至起点也差不多。因而当我们落后于他们时，心中难免会感到挫败，也会因此萌生出要赶超对方的心理。尤其是在生活中，榜样的作用更是无穷的。聪明的父母不会一味地督促孩子，而是会巧妙地给孩子树立榜样，从而让孩子们在榜样的激励作用下不断进取，获得巨大的进步。

从社会生活的角度来讲，为了维护良好的社会环境，女孩更应该身为表率，既向优秀的榜样学习，也让自己成为他人的楷模，从而使整个社会的风气都变得更好。所谓社会是我家，环境靠大家。只有拥有我为人人的精神，才有可能带动整个社会的改变，使得社会上人人为我。

# 第10章

## 知退让有教养，暖心的你最闪着光

　　生活中，人们经常以豪放粗犷作为对男孩的定义，因而男孩即便表现得有些粗糙，也能够得到他人的理解和体谅。相反，人们对于女孩的定义则完全不同，大多数人都认为女孩应该婉约细腻，成为真正的淑女，这样才能够得到认可和赏识，获得走入社会的通行证。

# 良言一句三冬暖，恶语伤人六月寒

常言道，会说说得人笑，不会说说得人跳。即使是同样的一句话，让不同的人说出来，也会产生不同的效果；同样的一句话，就算是让同一个人以不同的方式和语气进行表达，效果也往往相差悬殊。所谓良言一句三冬暖，恶语伤人六月寒。由此不难看出语言的力量是非常巨大的，既能够让人们感到内心温暖，也会让人心瞬间冰冻。所以，我们在人际交往的过程中必须注重语言交流，还要根据各个方面的综合因素，选择最恰到好处的表达方式，从而使交流收到最好的效果。

众所周知，语言是人与人交流的媒介，不管是口语还是书面语，都要进行语言的组织，然后才能表达出来。所谓我口说我心，我手写我心，任何人要想在交流中得到他人的真心相待，就必须发自内心地以诚待人，才能让交往更加顺利，也更加和谐融洽。这样就要求我们必须怀着一颗真诚的心，不仅要讲究礼仪，也要善待和宽容他人，如此才能真正做到友好对待他人。

每到周末，就是妈妈最忙碌的时候，因为全家人都要在家里用餐，所以妈妈一直在厨房里忙碌。足足过去了一个多小时，妈妈才准备好全家人的晚餐，因而招呼着大家都来餐厅吃饭。爸爸和小弟弟亨利最早到来，苏珊因为正在读一本书，所以姗姗来迟。

等到全家人都坐到桌子边，妈妈才把晚餐一盘一盘地端上来。亨利才两岁多，迫不及待地就叉起一块肉往嘴边送，被烫得哇哇叫。这时爸爸毫不留情地埋怨妈妈："你怎么搞的，为什么把这么热的饭菜放到亨利面前？"一瞬间，餐桌上的气氛仿佛凝固了，亨利不知所以，正在噘着小嘴把肉吹凉呢！这时，苏珊笑着说："妈妈，你可真是太伟大了，我晚了十分钟才下来，你居然还能端出滋滋热的烤肉。你看，这烤肉还给亨利增加了经验呢，他居然学会了自己把肉吹凉，真是个聪明的小家伙。"经过苏珊打圆场，爸爸也意识到自己的责怪有些太过不讲理了，因此赶紧接着苏珊的话说："还真是的，亨利可真聪明啊，妈妈也很伟大！"这时，妈妈脸上因为爸爸的责怪导致的阴云才渐渐散开，变成了阴转晴。就这样，一家人围坐在餐桌旁，享用了妈妈辛苦准备的丰盛一餐。

爸爸一句不分青红皂白的埋怨，马上使妈妈原本甘于奉献的心变得郁郁寡欢，甚至闷闷不乐，还很有可能火山爆发，使这个愉快的周末大打折扣。幸好，苏珊的及时圆场让家里的气氛转而变得轻松起来，也因为她巧妙地赞美了妈妈，夸奖了年幼的弟弟，所以使得爸爸找到台阶缓和气氛，也让妈妈脸上由阴转晴。在如此安静美好的时刻，全家人围坐桌边享受美食，不就是人生的一大乐事吗！

一句话，就能让他人愤怒，一句话，也能让他人的怒气烟消云散，转怒为喜，这就是语言的神奇魔力。现实生活中，作为善解人意的女孩，作为彬彬有礼的女孩，我们一定要冰雪聪明，掌握说好话的技巧，这样才能让我们与他人的交流更加和谐融洽，也充满着欢声笑语。而且，随着我们不断成长，经历的人和事也会更加复杂，因而说好话绝不是一朝一夕的学习，而是要在人生的过程中不断提升，这样我们才能始终与时俱进地说好话，也能够用好话来与形形色色的人打交道，最终在人际交往中如鱼得水，游刃有余，也使自己如愿以偿，心想事成。

## 真诚地道歉，才能赢得他人谅解

人非圣贤，孰能无过？尽管这句话把无数人从犯错的尴尬中解脱出来，却不能让每个人都得到谅解。究其原因，犯错是不可避免的，真诚的道歉也是必不可少的。很多人在犯错之后以"人非圣贤，孰能无过"来为自己开脱，企图逃避责任，这一点其实比犯错本身更容易让他人恼火生气。归根结底，我们可以原谅一个人的无心过错，却不能接受他在犯错之后只想逃避责任，而丝毫不想真诚认错和道歉的态度。

很多人都很排斥道歉，似乎道歉就意味着低头认错，也意味着怯懦。殊不知，如果真的错了，勇敢地承认错误比逃避责任更好，也更是一个勇者所为。试想，一个人连自己所犯的错误都不敢面对，他难道不是一个懦夫吗？从本质上来说，及时而满怀真诚地说出"对不起"三个字，代表着我们的胸怀，也是我们为人处世的高节风范。当然，也有些人之所以不愿意道歉，是怕得不到对方的原谅，甚至遭受对方的指责。即便如此，这也不能成为逃避道歉的理由和借口。毕竟，你发自内心的歉意代表着你的真诚和胸怀，对方的不肯原谅或者是因为受到伤害太深，需要时间消融，也或者是因为对方的粗俗和无知。我们不能因为对方粗俗就降低自己的格调，也不能因为对方被伤害得太深而不敢承认错误，真正的强者从不会刻意逃避责任，他们是人生的主宰。

尤其是女孩，在社会中往往以谦虚有礼的形象出现，更应该知书达理。既然每个人都会犯错，我们就应该主动承担自己的错误，无须为此遮遮掩掩。对待错误最好的方式，就是坦然承认错误，及时真诚地道歉，这样才能赢得他人的谅解，也彰显出自己的大度。

马上就要高考了，雯雯心中既期待又紧张。老师根据她平日的成绩，说她应该能够考上一本，因而雯雯也满怀希望，充满信心。在高考前，老师给孩子们放了一天假，让他们都回家好好放松一下心情，这样才能劳逸结合。为此，她坐车回到几十里路外的家里，妈妈很高兴，赶紧用电动车载着她，朝着市场奔去。妈妈要买她喜欢吃的菜，给她好好补补身体，也补补脑子。

不想，过马路时，妈妈因为高兴，一不留神闯了红灯，交警见状赶紧拦住妈妈，并且开出了罚单。因为雯雯的哥哥正在读大学，现在雯雯也要参加高考，所以妈妈根本舍不得交罚款，这导致她情绪激动，对着交警破口大骂："我告诉你，我女儿马上就要高考了，要是影响了我女儿高考，我可跟你没完。"看着妈妈胡搅蛮缠，雯雯觉得很羞愧，但是又不能直接伤害妈妈的面子，因而她只好低着头站在一旁，心中满是对妈妈的心疼。都是为了她和哥哥，妈妈才这样不择手段地省钱啊！

纠缠了十几分钟，交警最终不得不撕掉罚单，妈妈这才气鼓鼓地带着雯雯走了。回家之后，雯雯越想越觉得愧疚，因此给交警写了一封道歉信，趁着妈妈不注意溜出家门，把道歉信交给了交警。在信里，她向交警解释了妈妈为什么把钱看得那么重，并且保证一定提醒妈妈不再闯红灯。做完这一切之后，雯雯才觉得心中坦然些了。

故事中的雯雯，因为妈妈的错误，感到非常难堪。她很清楚妈妈是为了供养她和哥哥，才如此省吃俭用，才这样胡搅蛮缠地拒绝交罚款。但是她也知道这件事情的确是妈妈错了，她既要顾全妈妈的颜面，又要坦白承认错误，因而不得已采取写信道歉的方式，既向辛苦工作的交警表达了歉意，而且保证自己以后一定会遵守交通规则，也会时刻提醒妈妈遵守交通规则。如此情真意切的道歉信，必然能够获得交警的谅解。退一万步而言，就算交警读了这封信之后并不会原谅她们，雯雯也已经及时表达了歉意。

人生之中，每个人都会做错事，这是难以避免的，也可以说人就是在不断犯错的过程中获得成长的。因而，在做错事情之后我们首先应该做的就是及时承认错误，并且真诚地表达歉意，这样才能得到他人的谅解和宽容。与此相对的，假如我们做错事之后非但不道歉，反而忙着推卸责任，则只会欲盖弥彰，也会导致事与愿违，更加无法获得对方的原谅。记住，不管对方是否原谅我们，都不是我们选择道歉或者不道歉的理由。作为错误的一方，我们要勇敢承担责任，勇于承认错误，这才是我们的分内之事，也是我们的责任和义务。

# 任何时候，都不要伤害他人的颜面

每个人都是特别爱面子的，尤其是在人际交往中，很多人都把面子问题看得比一切更重要，也特别忌讳自己的面子受到伤害。因而在人际交往的过程中，深谙"面子问题大于一切"的人，不到万不得已，绝不会轻易伤害他人的面子，更会力所能及地照顾他人的颜面，这样才能促使与他人的交往更加和谐融洽，其乐融融。

任何情况下，尊重都是相互的。正如德国大诗人席勒所说，"假如一个人不知道他人的尊严为何物，他也就不配得到尊严。"尤其是中国人，自古以来都很讲究面子，也把面子问题作为社会交往的首要问题来对待。那么，面子到底是什么呢？其实，中国人口中的面子，就是席勒口中的尊严。由此可见，不管是在中国，还是在西方社会，也不管是在过去，还是在现在，每个人都渴望得到尊严，维护尊严，顾全自己的颜面。

现实生活中，女孩往往更加看重面子，也更加抹不开面子，所以就更顾全自己的面子。在与人交往时，女孩一定要给足他人的面子，维护他人的尊严，才能得到他人的尊重，自己也才能顾全面子。可以说，伤害他人面子是人际交往的大忌，聪明的女孩绝不要犯这样的错误。

作为木材公司的老推销员，亨利经常因为木材的质量问题，不得不和那些严苛的木材审查员打交道。尽管这份工作不那么让人愉快，也经常有木材推销员为此与审查员发生争执，但是亨利却有自己独特的办法，总是能够让审查员的怒火烟消云散，乖乖地给他行方便。亨利的独门秘籍到底是什么呢？他究竟是如何搞定难缠的木材审查员的呢？

有天早晨，亨利还睡眼惺忪呢，就接到公司电话，说他负责的一批木材出现问题，让他马上赶往货场把木材拉回来。亨利不由得纳闷，那批木材是自己一直盯着、严格按照要求挑选出来的呀，不可能不符合要求。为此，他连早饭都没来得及吃，就马上赶往货场。一路上，亨利都在设想着自己也许会遇到一个特别难缠的审查员，因而他意识到据理力争也许会导致事与愿违，所以他决定先给足对方面子，也许事情还有转机。

果不其然，赶到现场之后，等待着亨利的是审查员爱答不理的样子，还有采购员满脸的揶揄，空气中弥漫着一触即发的火药味。为此，亨利陪着笑脸走过去，询问他们能否继续卸货，以便让他考察整批木材的情况。为了方便退货，亨利还和颜悦色地建议审查员，把合格的木材和不合格的分开堆放，这样他才能把不合格的木材拉走。整个过程中，亨利都把审查员当成专家和富有裁决权的上帝来对待，给予了审查员足够的尊重。最终，亨利发现审查员错把硬木的标准拿来审查这批白松木了，不过即便如此，亨利也没有因此就像是抓住了审查员的小辫子，而是一直保持友好的态度。最终，审查员对亨利很抱歉，因为他的工作疏忽导致亨利无故白白跑来一趟，不过亨利依然友好地说："再有任何问题，你们可以直接把不合格的木材剔除出来放在一边，我们一定会做好售后服务的。"

因为亨利宽容大度的表现，审查员对亨利的态度完全改变了，甚至和亨利成为好朋友。从此之后，亨利与这个审查员之间的合作变得非常融洽愉快，再也没有产生那些让人烦恼的纠纷。

在这个事例中，因为审查员的疏忽，导致亨利白白跑了一趟，但是亨利并没有揪着审查员的错误不放，而是宽容大度，依然态度友好地对待审查员。这让亨利给审查员留下了良好的印象，也为他们以后的合作奠定了基础。不得不说，亨利的确是有着独特之处的木材推销员，所以他才能生意兴隆，也因为与每个审查员都交好，他的工作进展才更加顺利，完全免除了后顾之忧。

给对方面子，一则是要助长对方的面子，诸如可以多多夸赞对方，或者经常说些让对方引以为傲的事情；二则是在给对方指出错误的时候，顾及时间、场合等诸多因素，从而避免伤害对方的面子。总而言之，我们只有时刻把对方的尊严和颜面放在心里，才能始终牢记保全对方颜面的重要性，也才能在人际交往中得到对方的认可和肯定，从而得到对方的尊重。任何事情，在人际交往中都是相互的，女孩们更应该温柔细腻，照顾好对方的颜面，才能成为淑女，给对方留下深刻印象，得到对方的赞赏和赏识。

# 粗鲁的作风会使你失去他人的欣赏

生活中，人们都喜欢与谦逊有礼的人交往，而不喜欢与粗鲁鄙俗的人相处。究其原因，人人都喜欢受到礼遇，也希望用朋友来证明自己同样属于有礼貌的人。试想，一个粗鲁的人怎么可能与谦逊有礼的人成为朋友呢？因而，真正端庄高雅的女孩，总是为人谦逊，行事有礼。谁也不愿意让自己落入流俗，更不想因此失去他人的认可和赏识。

所谓物以类聚，人以群分，很多人都有自己的社交圈子。在这个圈子里，人们性格相似，脾气相容，兴趣爱好也有很多共同之处，最重要的是各种观念也都相同，因而才能成为同一个圈子的人。假如一个人行事粗鲁，言语鄙俗，则很难融入谦逊有礼的人群之中；与此相对的，一个真正谦逊有礼的人，也不会愿意和粗鲁的人为伍。因而，要想得到他人的欣赏，我们就必须让自己变得格调高雅，彬彬有礼。正如同曾经的法国社会一样，贵族生活的上流社会和普通百姓的社会有着明显的区分和界定，而且一个平民要想进入上流社会注定非常困难。当然，在新时代之下人们已经不再用封建等级区分人们的生活，不过这其中的道路却有很大的相似与共同之处。总而言之，女孩们，要想成为真正的淑女，得到他人的认可和赞赏，就一定要改变粗鲁的作风，从而融入自己梦寐以求的生活圈子里。

大学毕业后，丽娜凭借着八级英语水平，进入一家外企工作。刚刚大学毕业的她尽管英语水平很高，但是待人处事以及礼节方面都还需要加强，因而她在工作中没少碰壁。

前段时间，丽娜因为工作需要，与总公司派来的高管一起共进晚餐。在西餐厅，她完全不顾这是在公开场合，说话依然是高声调大嗓门，导致高管对她印象极差。这次共进晚餐之后，高管马上建议公司领导撤换丽娜的外事接待工作，因为高管认为丽娜在待人处事方面太过粗鲁，还需要好好历练。可怜的丽娜，直到失去这份人人羡慕的工作，也不知道自己到底哪里做错了。直到很久之后她看到西餐礼仪，才知道自己的高声喧哗让公司高管在西餐厅出了丑，毕竟任何男人都不愿意陪着一个粗鲁的女人在格调高雅的西餐厅招摇过市。后来，丽娜非常注重礼仪，尤其是西方礼仪。在不断的进步之中，她变得像一个真正的西方贵族，在她身上，再也找不到粗鲁的影子，她成了真正的淑女。

随着丽娜对于礼节越来越重视，越来越周到，她在公司里的职务也越来越高，最终成为了公司的首席外交官。

在这个事例中，丽娜因为不了解西方餐桌礼仪，导致自己在不知情的情况下，成为了西餐厅的粗鲁女人。对于和丽娜一起用餐的公司高管来说，这无疑很丢面子，也让他倍感尴尬。因而高管马上建议丽娜终止外事接待工作，毕竟对于非常讲究礼仪的西方人而言，粗鲁的女人很难让人接受。幸好丽娜最终完善了自己的礼仪，让自己成为真正谦和有礼、格调高雅的淑女，由此她才能够发挥自身的英语优势，再次得到相应的职务，也使自己人尽其才。

每个女孩都应该有教养，有礼貌，这是最基本的待人处事的要求，也是最低的底线。假如女孩粗鲁地对待他人，其实并没有给他人造成多大损失，反倒让自己损失惨重，更加无法彰显出自身真正的实力和魅力。任何时候，女孩都应该作为美的象征，做到以礼待人，杜绝张狂无知的状态，这样才能成为一个由内而外都散发出美丽气息的独特女孩。

# 礼多人不怪，礼貌是和谐相处的基础

在最初提出讲文明有礼貌树新风时，大多数人都能积极投身于这场全民文化和运动之中，也愿意为了构建和谐社会而不断努力。然而，随着社会生活的推进，渐渐有人提出，过度地讲文明讲礼貌，在熟悉的人之间其实没有太大的意义，反而让交流变得非常空洞，流于形式。因而很多人都开始忽视礼貌，转而采取更加"亲密无间"的方式进行交流：他们从不彼此客气，而是毫不留情地说些粗鲁的话，甚至也不再把文明礼貌永远挂在嘴边，似乎对方为自己做一切事情都天经地义。正是在这样的行为中，渐渐地，人们彼此之间的关系越来越恶劣，也更加疏远，最终导致人际关系恶化，再也没有人愿意为了文明礼貌多说任何一个字。

难道文明礼貌真的是形式主义吗？真的毫无意义吗？无数事实和经验告诉我们，礼多人不怪，讲礼貌总是没错的，所谓伸手不打笑脸人，至少人们不会对一个彬彬有礼的人态度恶劣。尤其是女生，要想得到他人的礼貌对待，自己首先一定要讲礼貌，而且要把礼貌用语挂在嘴边，这样才不会得到他人粗鲁无礼的回应。

正在读大四的张倩最近正在找工作，她来自农村，在这个陌生的城市里除了老师和同学，几乎一个人也不认识，可想而知她找工作的过程多么艰难。

在投递了很多份简历之后，张倩好不容易才得到一个面试的机会，她非常兴奋，也为此作足了准备，想要一举夺魁。面试那天，张倩到了公司后看着密密麻麻的面试者，不由得心里发怵：我毫无背景，毕业的大学也很普通，能得到工作的机会吗？然而既来之，则安之，既然一切都无法改变，张倩便默默安慰自己：我只要竭尽全力，也就问心无愧，更没有遗憾。尽人事，听天命吧！

很快，面试的时间到了，那些排在张倩前面的面试者开始陆陆续续地进入面试间，然而他们很快就出来了。难道面试的题目这么简单，就在对答之间吗？张倩更加忐忑。轮到她了，她整了整衣服，深呼吸一口，就带着英勇就义的心态推开面试间的门。让张倩很惊讶的是，门里面是一个老人，看起来昏昏欲睡，手里还拿着一沓资料。张倩走上前去，对着老人鞠了一躬，然后毕恭毕敬地问老人："老人家，请问您这里是面试的教室吗？"老人点点头，两只手拿起一张表格，递给张倩。张倩也弯下腰，伸出两只手，恭恭敬敬地接过老人递来的资料，然后又问老人："老人家，我下一步应该怎么做呢？"老人指了指自己身后的门，张倩谢过老人，推开门走进去，开始了正式的面试。直到半个多小时后，张倩才走出面试间。前面那些人为什么进去没多会儿就出来了呢？原来，他们都不讲礼貌，因而被老人指向了出去的门，面试也就没有下文了。

最终，张倩凭借着自己的谦逊有礼，顺利通过面试，得到了宝贵的工作机会。原来，这家公司是以经营老年人保健品为主的，主要面向老年市场，所以尤其注重工作人员是否懂礼貌，是否尊重老人，是否对老人有足够的耐心和爱心。

在诸多应聘者中并不特别出色的张倩，因为尊重老人，懂得礼貌待人，所以赢得了宝贵的工作机会。其实，在人与人相处的过程中，礼貌用语看似没有太大的用处，却起到了潜移默化的作用。假如人人在生活中都能坚持讲礼貌，那么整个社会就会少一些戾气，人与人之间的交流也会变得更加顺畅融洽，社会自然也会随之变得稳定起来。

讲礼貌像是一种润滑剂，能够让人与人之间的关系变得和谐融洽，对于紧张的人际关系也能起到一定的缓和作用。其实，礼貌不仅是尊重他人的行为，也是文明的表现形式之一。一个人只有内外兼修，拥有极高的素养，礼貌的表现才能始终如影随形地伴随他，也使他处处受到人们的认可和欢迎。对于礼貌，蒙田曾说，要想赢得一切而又无须花费分文，那么礼貌则是最佳的途径。的确，就像微笑一样，我们几乎无须额外付出什么，只要养成谦逊有礼的习惯，就能够得到他人丰厚的回报，甚至能使我们的人生得到意外的收获。所以聪明的女孩们，就让我们从现在开始成为礼貌的使者，用礼貌滋润他人的心田，也把礼貌之花洒满人间吧！

# 与其寸步不让，不如主动谦让

生活中我们面临的很多情况都需要博弈，尤其是在现代社会，各行各业之间的竞争越来越激烈，也使得人们之间的关系发生了翻天覆地的变化。在职场上，所谓同行是冤家，很多同事之间也存在着竞争关系，稍有不慎就会因为激烈的竞争反目成仇，导致彼此间的关系不断恶化。不得不说，为了暂时的利益失去一个可能成为朋友的人，是极大的得不偿失。然而，残酷的现实又逼迫我们不得不寸步不让地争来争去，这种情况下，如何处理才能两全其美呢？

先不说有没有两全其美的好办法解决人际交往中因为竞争关系引发的难题，仅就寸步不让地相争而言，也未必能够取得好的结果。假如寸步不让地相争真的能够让我们如愿以偿，则付出人情的代价尽管惨重，也未必是毫无收获的。但是如果寸步不让地相争非但不能让我们顺心如意，反而会让我们因此失去原本关系尚可的同事或者朋友，那么不得不说是损失惨重。面对这样事与愿违的局面，我们难免会心生遗憾，也会因此导致生活和工作都不同程度地受到影响，更加得不偿失。

其实，在任何形式的博弈中，要想让对方主动作出让步，都有一种好办法，即自己首先作出让步。从心理学的角度来说，人都是有互惠心理的。当我们从他人那里得到好处时，也会情不自禁地想要回报他人，从而使我们心甘情愿地对他人作出让步。在彼此相互对立的关系中，如果把这种关系颠倒过来，由我们率先作出让步，效果也是同样如此，对方也必然主动作出让步。因而，寸步不让还不如主动谦让，更能帮助我们实现心愿，达成目标。

很久以前，有座小城发生了饥荒，很多人都在忍饥挨饿。有个面包师家里很有钱，而且他很善良，也非常愿意力所能及地帮助他人。为此，他每天都会做一篮子面包，拿到广场上分给那些穷苦的孩子。他告诉那些孩子，只要每天傍晚到广场上，就可以从篮子里拿走一块免费的面包，但是只能拿一块，直到第二年度过饥荒为止。孩子们全都欢呼雀跃，大多数孩子大一哄而上，甚至不停地抢夺，只为尽量挑选出大一些的面包。唯有一个小女孩，每次都会等到所有孩子都拿走面包，她才胆怯地走上前去，拿走篮子里剩下的那块最小的面包。

经过几次观察之后，面包师想出了一个好主意，想要帮助这个谦让的小女孩。有一天，面包师又像往常一样做好一篮子面包带到广场上，等待已久的孩子们全都蜂拥而上，只有那个小姑娘依然远远地站着，等着大家都拿完面包。果不其然，最后篮子里只剩下那个看起来显得比平日更小的面包。小女孩拿起面包，朝着站在一旁的面包师鞠躬道谢。面包师问："孩子，你为什么不吃掉面包呢？其他孩子一拿到面包就迫不及待、狼吞虎咽地吃掉了呀。"小女孩羞怯地笑了笑，说："我要把面包带回家，等着妈妈从修道院缝补衣服回家以后，再与妈妈分享。"说完，小女孩再次向面包师道谢，拿着面包回家了。

当天晚上，当妈妈切开面包，惊讶地发现面包里藏着一些金币。妈妈赶紧叫来小女孩，对她说："孩子，这也许是面包师做面包的时候不小心裹在面包里的，现在你赶快去把金币还给面包师吧。"夜幕已经降临了，小女孩不停地奔跑着，气喘吁吁地来到面包店，把金币还给面包师。面包师笑着说："孩子，你懂得谦让，而且很诚实，这些金币是给你的奖励！"

即使忍受着饥饿的煎熬，小女孩也没有忘记谦让。她总是静静地站在一旁，等着其他孩子从篮子里挑选出大的面包，她才走上前去拿起那个最小的面包，并且依然对面包师满怀感恩。正是小女孩的谦让和感恩，感动了面包师，所以慷慨的面包师才在面包里藏了很多金币，作为对小女孩的馈赠。可以说，假如小女孩和其他孩子一样蜂拥而上，争抢面包，她根本不可能得到面包师的馈赠。由此可见，谦让是一种高尚的品质，能够帮助我们得到他人的认可和赞赏，从而让我们得到意外的惊喜。

当与他人处于对立关系的博弈中时，聪明的女孩也可以采取谦让的办法，这样非但无须过分争夺就能如愿以偿，而且会使双方的关系在相互谦让中更加和谐融洽，从而为未来的良好交往奠定基础。

女孩们，在漫长的人生旅途中，无论与谁相处，我们都要更加尊重他人，礼让他人，这样我们才能得到命运的眷顾，也才能得到成功的青睐。记住，谦让不会让你失去什么，而会让你在宽容大度中得到更多的回馈。只有懂得谦让的女孩，才能得到他人的礼待，最终如愿以偿，心想事成。

# 参考文献

[1]孙朦. 做个有修养提高气质的女孩[M]. 长春：吉林科学技术出版社，2014.

[2]迟双明. 做个有志气有气质有出息的女孩[M]. 北京：中国广播电视大学出版社，2012.

[3]雨霏. 优秀女孩必备的10个习惯和9种能力[M]. 北京：中国纺织出版社，2014.

[4]万小遥，张玉霞. 培养有修养的女孩[M]. 北京：海潮出版社，2010.